貓奴完全防災避難手冊

地震、颱風、洪水來襲時，
跟你的貓咪一起活下去！

貓日和
編輯部 編著

前言

你的想像力比物資更重要

當你聽到「寵物防災」時，會聯想到什麼呢？

「應該準備哪些物資呢……？」大多數人可能會想到這點。

然而，如果災害發生當下飼主不在家，無論家裡準備了多少物資，都無法立即派上用場。

即使準備了很多物資，緊急疏散時也無法帶走太多東西。有時候，光是要帶著貓咪逃生就已經是極限。

有些人可能會想像自己與貓咪一起在避難收容所度日。

然而，避難生活不只有收容所一個選項。在某些情況下，可能需要在家中度過避難生活；或者飼主在收容所生活，貓咪則留在家中，定期返家照顧。

沒錯，對於實際上未曾經歷過災害的人，要想像如何防災相對困難。因此，也往往不太清楚該如何準備。

我們確實需要準備物資，但更重要的是去預想「在外出時遇到災害」、「在家中遇到災害」、「發生災害時貓咪從家裡逃出去了」……等所有可能的情況，並想像自己能做什麼。然後思考為了應對這些情況應該做些什麼，然後付諸行動。

這本書將介紹與貓咪共同生活者應掌握的基本防災知識，預想特定情況下的應對方案，以及光是知道就能大幅擴展應對能力的各種點子。請務必以此為契機，著手規劃能守護家中愛貓「專屬防災計劃」吧。

災害模擬流程圖

在遭遇災難時你在哪裡、能否與貓一起疏散、在哪裡度過疏散生活……預先模擬所有可能的情況是非常重要的。

生當下

飼主在家時遭遇災害

如果你是將貓咪飼養在室內，那麼在你在家時，貓咪會和你一同遭遇災害。如此情況下，後續的同行避難會更加容易。

準備攜帶物品

將貓咪裝入外出籠，並準備好最低限度的攜帶用必需品。

➡ P.54
捕捉貓咪並準備避難

飼主外出時遭遇災難

災害當然也可能在你外出時發生。此時家中貓咪的安全是否能得到保障？

➡ P.34
居家對策

能夠返家

如果能夠安全返家，則回家救助在家中的貓咪。

無法返家

如果你人在工作場所等地，且沒有建築倒塌等危險，則留在原地。如果人在戶外，則前往附近的避難場所。思考確認貓咪安危的方法。

➡ P.60
無法立即返家的時候

6 hour

災害發

在確保自身安全、家中無損害情況下，則返回家中

在家等待

如果沒有緊急疏散的需要，比如家中沒有倒塌或火災等情況，則在做好避難準備的同時在家等待。一邊蒐集資訊，一邊做好隨時疏散的準備。

與貓咪同行避難

如果有避難的必要性，則必須將貓咪一起帶走。如果想著「很快就能回來了」而將貓咪留下，一旦該地被指定為警戒區域，就可能無法返回。

➡ P.56 與貓咪同行避難

將貓咪留置家中，僅有人類避難

在收到避難指示必須離開，但無法抓到貓咪，或家中一片混亂而找不到貓咪等情況下，就將貓咪留置家中，僅有人類前往避難。在這種情況下，你仍然可以盡量為貓咪留下足夠的食物等等。

➡ P.58 不得已時留下貓咪後避難

12 hour

各種避難的形式

CASE❶

在家避難

如果家中是安全的，則在自家度過避難生活對貓咪來說最好。

➡ P.80 家中沒問題時，則在家避難

CASE❷

人去收容所，貓咪在家

人在收容所生活的同時，返家照顧留在家中的貓咪。

➡ P.82 將貓咪留置家中，返家照顧

CASE❸

人貓都去收容所

如果收容所允許攜帶寵物，則人和貓咪都可以在避難所生活。

➡ P.84 如何讓貓咪被收容所接納

CASE❹

人貓一起車泊

有些飼主會因為顧慮避難所或想要和寵物待在一起，而選擇車泊。

➡ P.88 在自家車上與貓咪車泊

CASE❺

人貓一起住帳篷

基於與車泊相同的理由，有些飼主會選擇與貓咪在帳篷中度日。

➡ P.90 與貓咪在帳篷中度日

CASE❻

寄養貓咪

如果收容所不允許攜帶寵物，或者自己無法照顧寵物，可以選擇將貓寄養在動物醫院等設施。

➡ P.92 將貓咪寄養

7 days ＜ 24 hour ＜

將災後重建納入考量

在臨時住宅等地度日，同時著手重建生活

目標是盡快恢復日常生活。如果自家已無法居住，則搬到臨時住宅等地，以重建生活為目標。

➡ P.98 重建生活

在新家中重新開始

透過修復自家、購買新房、租賃等方式，與貓一起開啟新生活。

如果真的有困難，則考慮尋找新的飼主

如果無法預見生活重建的可能性，只能將貓咪寄養的話，則應以貓咪的幸福為優先，考慮送養給可信賴的人。

➡ P.93 尋找新飼主的選項

如果無法自行重建或獲得住宅，則搬入災害公營住宅*

災害公營住宅（復興住宅）是為受災戶提供的低租金住宅。但多數情況下不可飼養寵物。

14 days

6 months

＊災後重建所需時間僅供參考。

災害時的三大心得

心得之一

人命擺第一

如果想守護愛貓，首先就必須保障你自己的安全。如果連你自己都無法脫險，那即使愛貓倖存，也無法保證未來會有人能照顧貓咪。因此，雖然「為貓咪做好防災準備」很重要，但在此之前，「為人做好防災準備」更是至關重要。我們應建立基本防災知識，例如遭遇地震或火災時的應對、何時該疏散以及最近的避難場所路線等，做好災害應變措施。為貓咪做的防災準備，要以為人類做的防災準備為基礎。

此外，雖然在災害時帶上寵物一同避難是飼主的原則，但也不應冒著生命危險去執行。實際上，就曾發生飼主因回家帶出寵物而被捲入災害、不幸喪生的案例，這種悲劇是我們希望避免的。思考如何保護愛貓時，要以保護自己的生命為前提，別忘了冷靜思考這點。

首先要確保自身安全

如果你在家中與貓咪一同遭遇災害，請以確保自己的安全為優先。由於健康的貓咪比人類更加敏捷，所需的生存空間*也更小，生存下來的機率往往比人類高。首先確保自身安全，等情況穩定後再尋找貓咪。如果找不到貓咪但危險迫近，就必須放棄帶出貓咪，自行前往避難。

＊維持生存所需的必要空間

為人準備
就是為貓準備

檢視自家周遭的災害風險地圖，以及自家建築物的耐震能力，做好家具固定等預防措施。為人做的準備，同樣也適用於飼養於室內的貓咪。要掌握防災基本知識，閱讀防災書籍或上網查詢相關資訊很重要。

行政上會以人命為優先

災害時的行政措施會以人命為優先，對寵物的關注則是次要。而且，由於避難所中可能有人會對動物過敏或不喜歡動物，即使允許攜帶寵物，通常也是將寵物收容於室外或寵物專用區域。大多數情況下，飼主是不可能與寵物同住的。

心得之二

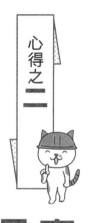

寵物和飼主是「災害弱勢」

　在災害時，受災者可能會處於恐慌狀態，心情也會非常緊張。也確實會有人質疑：「連人都沒水喝了，還要留給寵物喝？」一般所謂的「災害弱勢族群」，指的是在災害時特別需要支援的人，如高齡者、障礙者、嬰幼兒、孕婦等。但本書認為，想保護寵物的飼主也應被視為「災害弱勢」。從需要受人幫助才能生存這點來看，寵物就像是人類的嬰兒；但考量到避難收容所會接納嬰孩，卻未必接納寵物，想保護寵物的飼主，勢必會比想保護嬰孩的母親面臨更多挑戰。只要有此自覺，針對災害的準備自然也會有所變化。

　為寵物做好防災措施，基本上是飼主的責任。為了保護愛貓，需要放棄依賴行政機構的想法，自己做好準備。準備好必要物品和措施，獲取正確的知識，成為一位能夠保護愛貓的堅強飼主吧。

可以預想得到的情況

到達避難收容所時被告知不允許攜帶寵物

雖然相關機構有宣導「如何攜帶寵物避難」，但實際上收容所是由地方行政機關或收容所負責人來營運。因此，有些收容所會明訂不可攜帶寵物，即使原本允許攜帶寵物，也可能因實際狀況無法接納寵物。

人類的物資會送來，但寵物的物資不會來

人用的救援物資當然會優先運送。在物資難以分配到所有收容所的情況下，你無法得知寵物用物資何時才會送到。為了守護貓咪，需要儲備足夠的物資。

貓咪因無法適應環境變化而出現健康問題

貓咪因災害而受到驚嚇後，又被迫生活在與平時不同的地方（如收容所），這時便容易因壓力而導致健康問題。如果原本就習慣待在籠子，或是有和平時相同的食物，或許可以稍微減輕壓力。

心得之三

必要的儲備會因家庭而異

為了守護愛貓，你可能希望有一本告訴你需要準備什麼東西的手冊。遺憾的是，並不存在任何一本「只要這樣做就完美」的手冊。由於每位飼主的住家環境、貓咪數量、家庭成員結構等都各不相同，不可能有一本手冊適合任何人。

例如，獨居的上班族家中經常沒人，便應該仔細設想，萬一人不在家時發生災害，要如何確認貓咪的安全。而對於多貓家庭來說，如何運送所有貓咪就是大問題。如果和家人同住，首先應該考量家庭成員之間如何聯繫。先確認家人平安無虞，才有辦法全力以赴救助貓咪。

如同上述，每個家庭需要準備的事項會有所不同，應建立各家庭專屬的防災儲備。本書將為你介紹打造專屬儲備方案的基本思路。

CASE 1

- 獨居上班族
- 飼養 1 貓
- 居住在大樓（符合新耐震基準）

雖然新大樓的耐震能力較好，但考量到災害可能在家中無人時發生，應事先設想確認貓咪安危的方法。可以考慮安裝監視攝影機，或加入社區的寵物社群。

CASE 2

- 夫妻 2 人，妻子為家庭主婦
- 飼養 3 貓，其中 1 隻有慢性疾病
- 居住在新建透天（符合新耐震基準）

必須考量妻子獨自在家時如何搬運3隻貓咪。對於有慢性疾病的貓咪，也要確保有足夠的備用藥物。符合新耐震基準的透天，耐震能力相對較好。

CASE 3

- 一家 5 口（夫妻、2 個孩子和奶奶）
- 飼養 1 狗 2 貓
- 居住在木造老屋
- 家裡有車

如何保護不良於行的奶奶是首要任務。由於木造老屋耐震能力較差，應考慮進行補強工程。如家中有車，則應該在車廂中常備緊急用品。

CONTENTS

第2章 當災害發生時！你該怎麼辦

第3章 如何度過避難生活

書末附錄

第 1 章

做好萬全準備

軟性準備1 最優先攜帶的物品

貓用的緊急用品中，最優先攜帶的應該是與生命和健康相關的物品。為了運送貓咪，一定要準備外出籠。如果不放入外出籠就帶出門，貓咪可能會逃跑並走失。

另外，由於寵物用救援物資往往較晚到達，貓食也是必備。因為許多貓咪在環境變化時會不願進食，不妨準備一些適口性佳的零食。對於有慢性疾病的貓咪，也需要備妥備用藥物和處方飼料。最好將以上項目列為最優先的攜帶物品，與人用的緊急用品一同打包。

POINT

外出籠是運輸貓咪的必備用品。食物也要使用滾動式儲藏法豐富儲備，以備不時之需。

① 外出籠

硬式外出籠

優點是堅固且耐撞擊。因為搬運起來較辛苦，如果有附肩背帶會更好。如果是上開式外出籠，能更容易放入貓咪。

外出籠數量＝貓咪數量

如果是多貓家庭，基本上需要準備相應數量的外出籠。並在外出籠內放入用來裝貓的洗衣袋。

➡ P.27 多貓家庭的情況

後背式外出包

優點是易於攜帶，且雙手能自由活動。如果外出包已經是後背式，則應將緊急逃生用品放在除背包外的其他袋子中。

肩背式外出包

優點在於貓咪和人的身體緊密接觸，可以讓愛黏人的貓咪感到安心。雙手也能自由活動。但難以裝入容易激動的貓咪。

② 貓食

乾糧

重量輕、營養價值高且保存期限長，最適合災害期間使用。可準備和平時相同的乾糧。

充分儲備糧食

以往會建議儲備3天份的糧食，但由於災害規模日益擴大，3天份的儲備已經無法消除人們的不安。實際上，在東日本大震災期間，有的地區超過兩週都未能收到支援物資。因此，建議儘可能多儲備食物。

濕食

優點是能夠同時攝取水分，也能預防貓咪常見的尿結石等泌尿道疾病。與罐頭相比，袋裝濕食重量更輕，垃圾也更容易處理。

用貓零食促進食慾

考慮到貓咪可能因為環境變化而不願意進食，不妨準備一些適口性佳的零食。如果貓咪絕食超過一整天，可能會引起肝臟疾病，須特別注意。

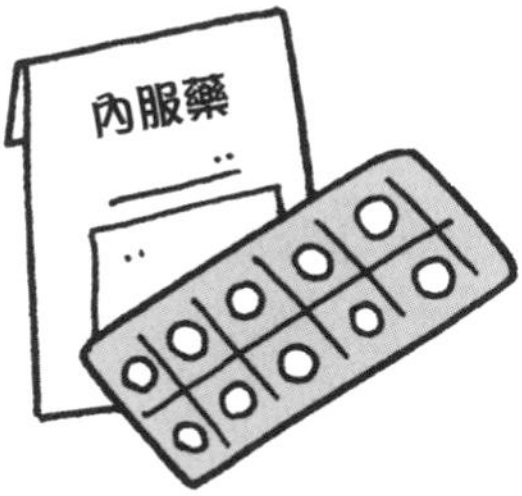

③ 慢性病用藥

藥物和處方飼料都屬必備。考慮到災害發生後，可能無法立即從平時就診的動物醫院取得所需藥物，應將藥品名稱等資訊以圖像形式保存在手機中。也需要準備餵藥時必備的針筒等物品。

何謂「滾動式儲藏法」

儲備災害用的糧食等消耗品時，常會在不知不覺中放到過期。「滾動式儲藏法」就是在平時多準備一些，並在日常生活中一邊消耗、一邊補充新的庫存。如此一來，就能在不浪費食物的情況下為災害做好準備。還請務必實踐。

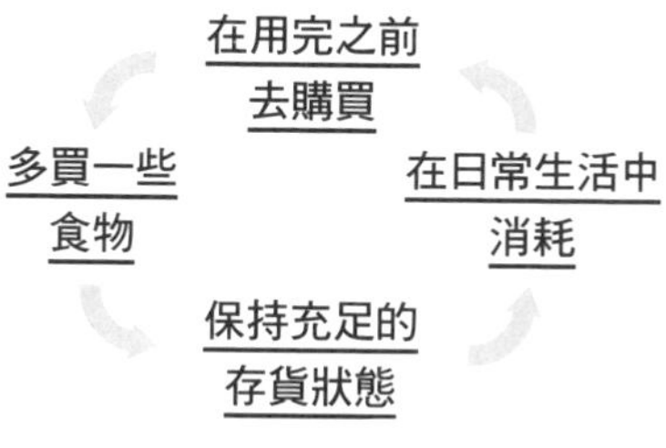

軟性準備 2
儘可能攜帶的物品

繼食物和藥品，下一個優先帶走的應是在緊急時刻能派上用場的物品。如果貓咪逃跑並走失了，單靠自己去尋找相當困難。這時你可能會想張貼協尋貓咪的資訊，但如果沒有照片就很困難。即使你原本覺得「窗戶和門都關著，不用擔心貓咪逃跑」，但房子可能遭受破壞，貓咪也可能從避難所逃出。此外，如果考慮到可能需要將貓寄養在動物收容所等設施，預先準備一份記錄貓咪健康狀況等資訊的「健康手冊」會更安心。

POINT

貓咪走失或寄養時所需的照片和筆記。這些不佔空間，可以放入緊急避難包裡。

① 愛貓的照片

貓咪走失時必備

準備可清楚辨認貓咪臉部、全身、花紋、尾巴、項圈顏色等特徵的照片。一張照片無法顯示所有細節，建議準備多張。

和飼主的合照也能當作證明

如果走失的貓咪被人拾獲，想接回貓咪時，用合照證實「我確實是這隻貓的飼主」就能方便。因此也建議準備一張與貓咪的合照。

除了將上述的照片印出，也建議保存在手機裡。很多人在災害發生時急忙逃出家中，來得及拿的就只有手機。

② 愛貓的健康手冊

（記錄內容）
- 飼主資訊
- 病史
- 健康狀態
- 固定看診的動物醫院

等等

寄養貓咪時必備

必要時可能得將貓咪寄養在動物收容所或動物醫院。為了告知不熟悉您愛貓的人如何照顧，必須提供貓咪的相關資料。應製作一份記錄健康狀態、疫苗接種史、病史等資訊的文件。

➡ P.108 填空式 愛貓健康資料卡

提前製作好貓咪協尋傳單

提前準備好刊載貓咪照片的協尋傳單能讓人感到安心。你可以找到免費下載的模板，也可以委託業者製作。為了避免被水弄濕，可將文宣放進防水拉鍊袋中。

➡ P.97 用貓咪協尋傳單徵集資訊

MEMO

事先查詢鄰近的多家動物醫院

災害發生後，可能會因愛貓身體不適或受傷而須尋求治療。但鑒於鄰近的動物醫院會遭受相同災害，固定看診的醫院有可能無法提供治療。為此，不妨事先查詢多家動物醫院，將其位置和電話記錄於當地的防災地圖上。考量到災害可能在晚間發生，也應查詢能提供夜間診療的醫院。

軟性準備 3 可替代的物品

臨時貓砂盆的製作方法

用塑膠袋覆蓋紙箱製作臨時貓砂盆

將紙箱邊緣切割至貓咪能夠跨過的高度，並覆蓋塑膠袋以防尿液滲漏。如果沒有紙箱，也可以直接把塑膠袋邊緣往下摺來替代。

貓砂可以用撕碎的報紙、土壤或沙子代替

在紙箱中放入撕碎的報紙、花圃的土壤或沙子。已被貓咪排泄物汙染的部分應及時清除。如果手邊有，也可以在底部鋪上尿布墊。

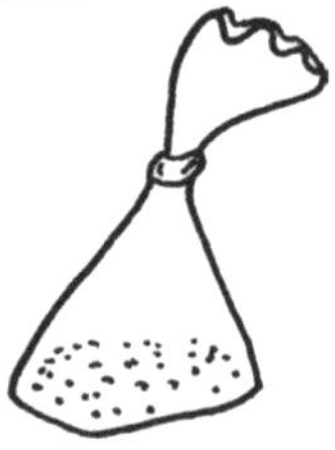

如果有少量原本的貓砂，可幫助排泄

在報紙或土壤上撒上一些原本使用的貓砂，可以幫助貓咪辨認「這裡是廁所」。

貓砂盆的容器，可以用緊急情況下容易獲得的紙箱或塑膠袋來製作。這意味著貓砂盆有替代品，不需要優先攜帶。貓砂或籠子都很重，即使有需要，等情況穩定下來後再帶就好。可以從優先攜帶的物品中排除。

有食物盤和飲水盤當然方便，但也可以用報紙或寶特瓶手工製作。事先準備好大把美工刀或膠帶會相當方便。

POINT

即使沒準備所有貓咪用品，也有物品可以替代。透過巧思和創意來減少需要攜帶的物品。

食物盤和水盤均可手工自製

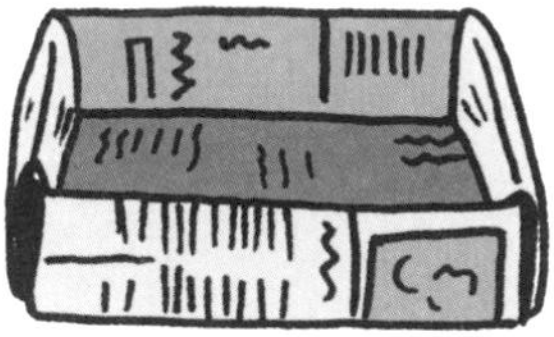

用報紙做的盤子

用牛奶盒做的盤子

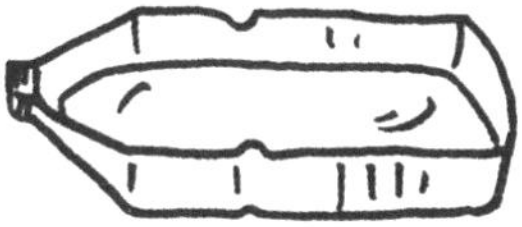

切開寶特瓶做的盤子

只需將紙摺成紙盒，或將牛奶盒、寶特瓶切開就可以製作成盤子。為了防止割傷，寶特瓶切割後的邊緣應以膠帶包覆。用盤子裝濕食會把盤子弄髒，但考量到清洗所需的水可能短缺，最好在盤子上鋪上保鮮膜。這些技巧也適用於人類。

＊使用保鮮膜時，請注意避免貓咪誤食。

籠子之後再拿就好

需要將貓咪帶至收容所等地方照顧時，雖然會需要籠子，但因為籠子又重體積又大，難以在緊急時刻優先攜出。可以將其存放在室外倉庫或車庫等之後容易取出的場所，待避難後安全無虞時再回去拿。

作為替代方案，也可以先攜出較小的摺疊式寵物籠來應急。如果沒有，就將貓咪用牽繩繫好，並以紙箱製作臨時住所。不過，如果貓咪不習慣在籠裡生活，這可能會增加牠們的壓力，因此最好提前讓貓咪習慣籠子。

有關注寵物問題的地方政府有時也會在收容所等地準備寵物籠，不妨向當地機關洽詢看看。然而，即使有準備，也可能會出現數量不足的情況，最好還是自己準備為宜。

➡ P.39
讓貓咪習慣籠子

軟性準備 4
人寵共用的方便物品

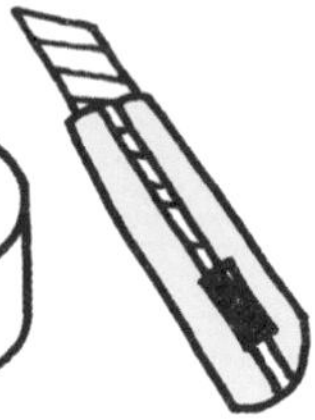

美工刀

可用於製作紙箱貓砂盆、切開寶特瓶製作盤子或切割食材。最好選擇耐用的大把美工刀。

布膠帶．膠帶

以紙箱等材料自製東西時的必備用品。貼上布膠帶並用奇異筆寫上訊息，就成了隨處可用的速成留言板。揉成一團後也不會佔用太多空間。

報紙

除了可以替代貓砂，還可以包裹在身上當作防寒用品，或摺成盤子等。

油性筆

可用來在膠帶或紙箱上書寫文字。不妨準備粗一點的類型。也有可以防水，或能在光滑的封箱膠帶上書寫的特殊油性筆。

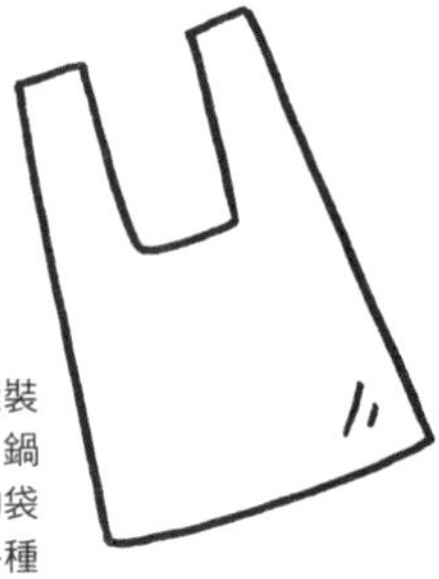

塑膠袋

除了處理排泄物，還具備能裝水運輸、在烹飪時不弄髒鍋具等多種用途。從小型購物袋到大型垃圾袋，最好備妥各種大小。

有些物品是無需區分人用、貓用，可以人寵共用的。這樣的物品一定要放在優先攜帶的緊急避難包裡。因為它們有多種用途，不妨提前研究能用在那些地方。例如，報紙除了可以取代貓砂，寒冷時還可以包裹在襪子外面、當作肚圍保暖，或是在骨折處厚厚繞上一層充當臨時夾板等。在物資缺乏的情況下，你的智慧將成為自救的關鍵。

POINT

這裡介紹的是對人貓都派得上用場的物品。請務必作為優先攜帶的物品準備妥當。

運動飲料沖泡粉

加水後可作為口服電解質液供人貓使用。在天氣熱或感冒等導致脫水時使用。給貓咪喝時，應將溶解的粉末量調整為建議量的一半。

➡ P.73 脫水症狀的緊急處置

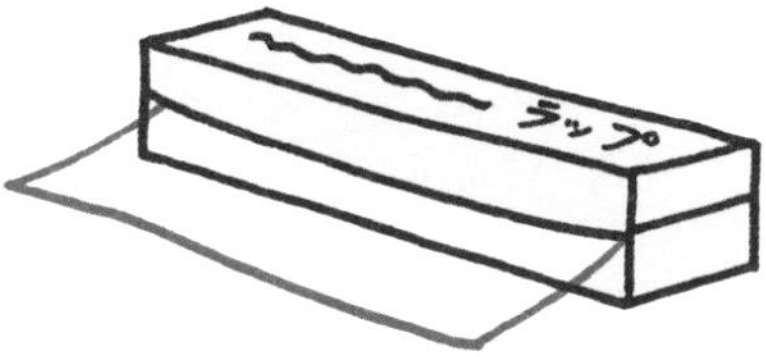

保鮮膜

除了原本的食品保存用途，還可以在鋪在盤子上再放置食物，這樣就不會弄髒盤子，或者用於覆蓋燒傷部位等急救用途。

➡ P.71 燒傷的緊急處置

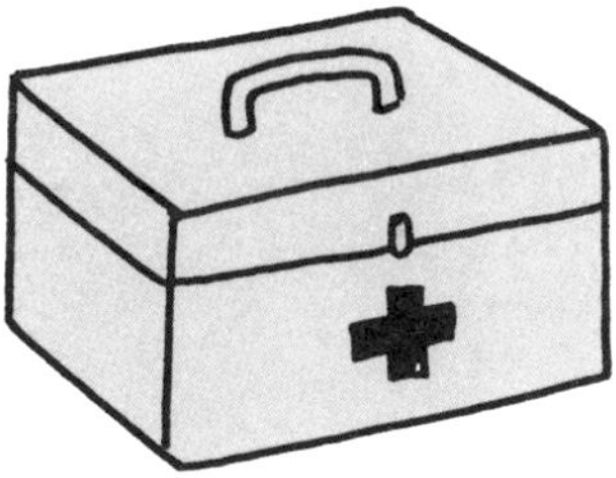

急救箱

消毒用酒精、生理食鹽水、繃帶、紗布、透氣膠帶、鑷子等不僅適用於人，也適用於貓咪。

毛巾或毯子

除了在寒冷時用來取暖，還可以用來覆蓋籠子減少貓咪的壓力，或用於止血等急救用途。

該張貼寵物救援貼紙嗎？

張貼寵物救援貼紙的目的，旨在傳達「災害發生時，請救助家中寵物」的訊息。通常會張貼在玄關外側，期望在災害發生時，如果飼主無法回家，好心的第三者可以協助救出愛貓。然而，這也可能成為小偷進入家中的藉口，有利有弊。

飲用水

如果是軟水，則貓咪也可以飲用。準備數瓶500ml的瓶裝水，會比大瓶的水更不容易變質。

軟性準備 5

物品的收納場所與搬運方式

災害時不可能一次帶走所需的所有物品。就女性而言，建議運載的重量應該在10公斤以內。當然，如果以帶出貓咪為第一要務，能帶走的物品就會相應減少。如果這個也帶、那個也帶，行李就容易過重，可以嘗試一次攜帶所有物品，先看看實際上有多重。只將真正需要的物品放入第一個緊急避難包，優先順序較低的物品則放入第二、第三個緊急避難包。最好不要集中放置在一處，而是分散到家中各處。

《 緊急避難包收納場所範例 》

① 玄關

外出避難時易於取出的場所。也可以掛在牆面掛鉤上。為了方便避難，勿在玄關堆放太多物品，保持暢通。

② 儲藏室

不要因為平時用不到就放在難以取出的地方。應將其儲存於容易拿取的前側。

③ 戶外倉庫

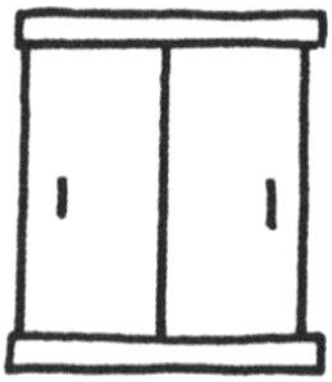

即使房屋倒塌也易於取出的場所。也可用於收納優先程度較低的物品，如籠子等。但夏季的高溫可能會加速食物腐敗。

④ 自家車上

即使房屋倒塌也容易取出，在特定情況下，或許還能帶著貓咪到車上。但也有可能無法拿到車鑰匙。

POINT

重點在於將物品打包成自己搬得動的重量，並將其存放在容易取出的地方。不妨分散存放在數處。

思考貓和物品的搬運方式

不要一個人搬運多隻貓會更安全

一個人要搬運多隻貓會很重，而且可能會走不穩。當有多人時，分工合作搬運貓咪會更安全。

事先決定好誰搬運什麼

如果家裡每個人都在，或者只有一個人的時候，分情況來考慮會很好。如果只有一個人的話，可能只能勉強搬運貓咪。

行李重量應限制在女性10公斤、男性15公斤以內

包括裝有貓咪的外出籠在內的重量應控制在此範圍內。超重將無法安全撤離。進行必需品的選擇並整理行李。

盡量保持雙手空間

為了安全撤離，最好讓雙手自由。如果是箱型的外出籠，就加裝肩帶。

多貓家庭的貓咪搬運法

飼養多隻貓的家庭必須想辦法將所有貓咪都帶出去。可以考慮一次將兩隻貓放入較大的外出籠，或用寵物推車一次運輸多隻貓咪。但如果道路受損，可能就無法使用推車。開車避難也一樣，假設道路受損就無法駕駛，交通堵塞或事故還可能使情況更加危險。應做好步行撤離的準備。最好事先規劃數種不同的撤離路線。

➡ P.45 災害時應避開的路線

硬性準備 1

調查土地的災害風險

確認災害風險地圖

各地方政府製作的災害風險地圖涵蓋詳細資訊，務必瀏覽。此外，也可以在相關網站上查詢自家或工作地點的災害風險。

在國土交通省災害風險地圖的入口網站上，可以精確地查詢災害風險！

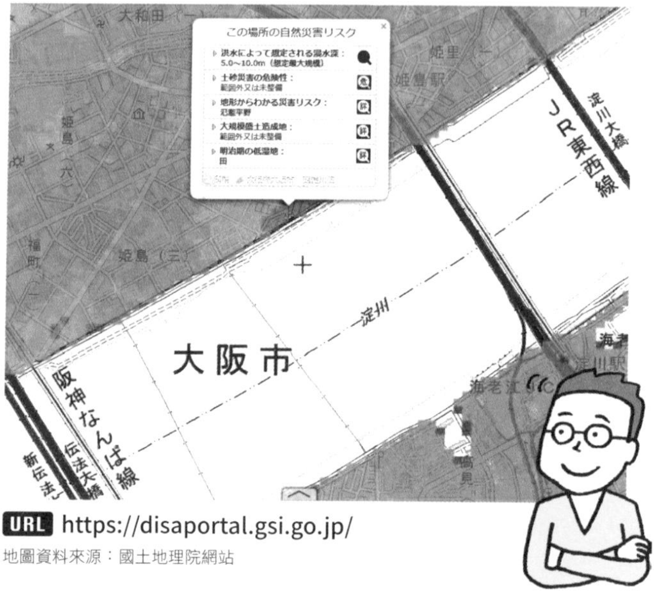

URL https://disaportal.gsi.go.jp/

地圖資料來源：國土地理院網站

思考硬性準備的第一步，就是了解該地區的災害風險。應查看自家或工作地點等常去的地方容易發生哪些災害。即使建築物有較強耐震力，如果土地本身很脆弱，就無法研判一定安全。沿河川或沿海地區，水災風險自然較高；在山谷或邊坡填土興建的區域，則可能有地基脆弱的缺點。在搬家時，也不妨預先調查搬家地點的災害風險。

POINT

你可以輕易查詢到該地區容易受哪種災害影響。知道易發生的災害類型，就應更加周全地準備。

台灣災害風險相關資訊查詢網站

國家災害防救科技中心 3D災害潛勢地圖

dmap.ncdr.nat.gov.tw

可查詢台灣各地淹水、土石流、山崩、斷層與土壤液化、海嘯溢淹及海岸災害、核子事故災害、火山潛勢等災害風險。

TEM計畫 台灣地震模型

tem.tw/TEM2020

可查詢台灣本島未來20年、30年、50年內的地震發生機率，以及區域產生潛在災害性地震的機率。

Check 一下吧！

- □ 根據淹水潛勢預想淹水深度 ______ m
- □ 可根據地形推估的災害風險
- □ 是否為大規模填土造地區域（易發生崩塌或滑落）
  YES ／ NO
- □ 是否為土石流警戒區
  YES ／ NO
- □ 預想海嘯溢淹深度 ______ m
- □ 建築物倒塌風險
- □ 火災風險
- □ 災害時活動困難程度
- □ 土壤液化風險

＊可於災害風險相關機構或各地方政府網站查詢。

MEMO

未來推估的地震發生機率

根據2010年文部科學省發表的數據，預測到日本2040年可能發生的地震包括：宮城縣沖地震推估規模7.5，發生機率為99%；東海地震推估規模8.0，發生機率為87%；東南海地震推估規模約8.1，發生機率為60～70%；南海地震推估規模約8.4，發生機率約為60%。日本是地震多發國家，全國任何地方都有可能發生大地震，應抱持「地震必然發生」的心態。

硬性準備 2

提升自家住宅耐震性

建築物結構類型與耐災害程度

結構	木造	鋼筋結構（S）	鋼筋混凝土結構（RC）	鋼骨鋼筋混凝土結構（SRC）
耐震性	×	▲	○	◎
耐火性	×	×	◎	◎

Check一下吧！

- □ 興建於1981年5月31日前（注：日本舊耐震基準）

※ 中文編注：台灣興建於1974年前的建築物無耐震規範。

- □ 已進行兩次以上的擴建，在擴建時有拆除部分牆壁或柱子
- □ 曾經歷過50公分以上・以下淹水、火災、地震等重大災害
- □ 興建於填海造陸新生地、低窪濕地或填土區域
- □ 建築物的基礎非鋼筋混凝土製
- □ 有一面牆幾乎全是窗戶
- □ 使用瓦片等相對重的屋頂材料，且一樓牆壁較少
- □ 建築平面是L形或T形，結構上有許多凹凸
- □ 有大型的打通空間
- □ 感覺得到門窗安裝不良、柱子或地板有傾斜
- □ 牆壁上有裂縫
- □ 陽台或露台有損壞

⇒ **勾選項目越多，在地震中的風險越高！**

POINT

首先從檢查自家的耐震程度開始。進行耐震安檢或補強工程可能申請得到相關補助。

耐震能力和金錢問題Q&A

Q

就算想進行耐震補強工程，也沒有足夠預算……

A 首先，應該查詢所在的地方政府是否有提供補助申請管道。補助資格與申請方式因地方政府而異，例如「最高補助75萬日圓」或「補助比率1/2，最高120萬日圓」等。（※中文編注：台灣最高補助450萬元。）對於耐震評估也有提供補助，很多地方政府會加碼補助，不妨先進行評估後再規劃。建議諮詢在預算內可進行哪些工程。

Q

如果有保地震險，房子在地震中倒塌能獲得理賠嗎？

A 日本的火災保險與地震險同捆，但保額最大僅有火險的50%。如保額為2,000萬元，即使住宅全損，也僅會理賠1000萬日圓（※中文編注：台灣住宅火險規定加買地震基本險，但其保額僅150萬元），並不足以重建房屋或進行大規模修繕。應將其視為用於生活重建的保險金。土壤液化導致住家傾斜也適用於地震險。

Q 如果房貸還沒還完房子就倒了，房貸怎麼辦？

A 日本的「受災者生活再建支援金」會支付最多每戶300萬日圓。對於住房金融支援機構的房屋貸款，則有緩繳、展延或降低利率等措施。另外，還有能保留重建生活所需資金，以剩餘資金償還部分貸款，無法清償的貸款則可減免的制度（自然災害下之受災者債務整理）。（編注：台灣尚無相關政策。）

➡ P.101
各種經濟支援制度

＊日本截至2018年11月的資訊。

在阪神・淡路大地震（1995年）中，據說超過8成的死者是因建築物倒塌而被壓死。我們應把握時機，重新審視自家的耐震性。右側表格可幫助你大致評估房屋耐震能力，但最好是由專業人士進行安檢。如果是透天，應考慮進行耐震補強工程；如果是租屋，搬到耐震能力更高的建築也是一個選擇。如果是社區大樓，則需要由管委會共同討論。

地方政府會針對耐震評估和補強工程提供補助申請管道，值得查詢。除了有針對評估跟補強工程的補助申請，相關單位也提供民眾免費諮詢。

硬性準備 3

提升自家住宅的耐火性

Check 一下吧！

- □ 電線被壓在地毯或家具底下
- □ 電線是在綁成一束或彎曲的狀態下使用
- □ 電線有老化情形
- □ 插頭或插座積滿灰塵
- □ 延長線插得很滿
- □ 沒在用的家電插頭還是插著
- □ 在家電旁放置水族箱或花瓶
- □ 不知道斷路器的位置
- □ 瓦斯爐周圍沒有整理清潔，放置易燃物品
- □ 瓦斯管線老化
- □ （使用瓦斯桶的情況）瓦斯桶沒有用鏈條等固定
- □ 暖爐未設置防傾倒措施
- □ 暖爐周圍放置易燃物
- □ 走廊或樓梯等逃生路徑上堆放易燃物。
- □ 房屋與鄰家接壤處未裝設金屬遮雨棚或夾絲玻璃

⇒ **勾選項目越多，火災風險越高！**

地震經常伴隨火災發生。建築的耐火性會因材料不同，如第30頁所示。木造住宅更易燃燒，但有許多立即可行的措施能夠降低火災風險，例如不將電線壓在家具下、拔掉沒在用的家電插頭等。現在就檢查一下你的房間吧。預防萬一，為可能發生的火災做好準備，包括設置滅火器和火災警報器等。市面上也有髮膠罐大小的滅火器，以及可向火源投擲的投擲型滅火裝置。

POINT

別把電線綁成一束、別把延長線插滿，並整理清潔瓦斯爐周圍，藉此降低火災風險。

居家應備防火措施

滅火器

有適合女性或老年人使用的小型版本，或者可以直接向火源投擲的投擲型。建議放在容易發生油類火災的廚房裡。由於滅火器有有效期限，需要定期檢查。

火災警報器

能感應火災的煙霧或熱量，並透過聲音提醒的裝置。應安裝於臥室或廚房天花板。定期檢查電池，確保緊急情況下能夠正常運作。

漏電斷路器

當因電線老化等原因發生漏電起火時，漏電斷路器可以感應到異常電流並自動切斷電源。許多住宅已經預先安裝了漏電斷路器。

地震斷路器

感應到強烈震動時，會自動切斷電源的裝置。尤其推薦密集市區安裝此裝置。可與漏電斷路器一併安裝。

貓咪有可能引發火災?!

曾發生過寵物（如狗或貓）觸動按壓式點火的瓦斯爐，而導致火災的事故。最好採取加裝兒童安全鎖、在廚房設置柵欄以防寵物進入、外出時關閉瓦斯閥等措施。此外，還有寵物尿尿在家電或插座上，導致漏電走火的事故。拔掉沒在用的家電插頭、加裝插座保護蓋都是有效的預防措施。

硬性準備 4 居家對策

據說，地震中約有3到5成的傷者是因家具倒塌或落下而受傷。未固定的家具在地震時會成為危險物。應該透過釘牆等方式將家具固定。儘可能整理並減少物品也很重要。雜亂的房間會增加受傷的風險，災後清理也會很麻煩。斷捨離後，可能就會發現有置物架多出來。也不妨為貓咪創造「害怕時可躲藏的場所」。如果有貓咪害怕時專用的躲藏處，災害發生時就能省去找貓的時間。

POINT

地震發生時，未固定的家具可能成為危險物。也務必進行斷捨離，避免被不必要的家具和物品壓傷。

為貓咪創造緊急時刻的躲藏場所

不妨在壁櫥一角、廁所等四面環繞且不易倒塌的地方，為貓咪創建一個安心的空間。建議設置硬式外出籠。或是不在床底、沙發下收納物品，將空間保留下來。

在無法返家時使用自動餵食器餵貓

有時由於交通癱瘓，可能無法立即返家。在這種情況下，遠端操作的餵食器就顯得很有用。如果沒有停電，你就能為貓咪提供食物。有的餵食器是與監視攝影機整合在一起。

安裝監視攝影機

如果在外出時發生地震，而且沒有停電且網絡連接正常，你可能能夠檢查貓咪的安危。請確保攝影機固定好，以防倒下無法使用。

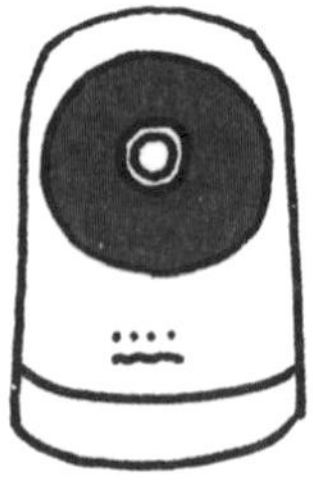

《 人貓都一樣！你該做好的家具防護對策 》

① 固定好家具

將家具釘牆是最確實的防傾倒措施。包括貓籠在內，都應以鏈條等將其固定於牆上。貓跳台如果是頂天類型，就較不容易傾倒，應定期確認是否鬆動。設有腳輪的家具，應使用專用的固定墊或鎖定功能，以防地震時移動。如果因租屋而無法在牆上鑽孔，可以使用黏著膠片、伸縮桿，或在家具前下方放置能使其倒像牆面的門擋等來固定。

② 安裝防止櫥櫃和抽屜開啟的裝置

餐具等物品掉落破裂可能導致受傷，最好安裝門鎖或防開裝置，避免櫥櫃和抽屜打開。也有感應到震動自動鎖定門扉的裝置。

③ 在玻璃上貼上防爆膜

對於容易破碎的普通玻璃或非強化玻璃，貼上防爆膜是個好主意。不僅適用於窗戶玻璃，也適用於食器櫃等家具的玻璃部分。

還有小型家用避難所和抗震桌

比耐震補強工程更簡便的是安裝家用抗震避難所。有設置在壁櫥內的類型、保護睡眠區域的類型、桌型等，價格從幾十萬日圓起跳。其優點是相對便宜且能於短時間內安裝完成。特別是老舊建築的一樓部分，由於更容易倒塌，值得納入考量。也推薦設置於壁櫥等處，當作貓咪的躲藏場所（請參照右頁）。

不可或缺的寵物身分證明

東日本大地震中所收容犬貓之身分標識物裝配狀況

	裝配物	隻數	尋獲飼主之隻數與比例	
犬	僅有項圈	614	3	0.5%
犬	防走失名牌	4	4	100%
犬	名牌．狂犬病預防注射證明牌	81	81	100%
犬	寵物晶片	※	※	0%
貓	僅有項圈	39	0	0%
貓	防走失名牌	0	—	—
貓	寵物晶片	0	—	—

※也有已植入寵物晶片，但未登記資料，而無法尋獲飼主的案例。

＊資料來源：環境省《東日本大地震中收容動物處理紀錄》

POINT

為了避免在災害時與愛貓失散，防走失名牌和寵物晶片不可或缺。平時也應將其作為防走失措施。

從上述資料可看出，雖然裝配了防走失名牌和狂犬病預防接種證明牌的狗兒100%尋獲飼主，但卻沒有任何一隻貓咪找到飼主。這是因為沒有半隻貓咪有裝配防走失名牌或植入寵物晶片。（中文編注：台灣《動物保護法》規定，飼主應為家中犬貓植入晶片。）災害時，房屋遭受破壞等原因使貓咪逃跑的情況並不罕見。為了避免與愛貓失散，防走失名牌或寵物晶片等身分標識物必不可少。為了心愛的貓咪，請立刻為牠們裝配身分標識物。

用來標明貓咪身分的身分標識物

防走失名牌

貓咪走失時的生命線。可記錄飼主的電話號碼或住址等資訊。有金屬刻字、將紙條放入小型膠囊內等各種類型。選擇小巧類型，避免帶給貓咪負擔。

項圈

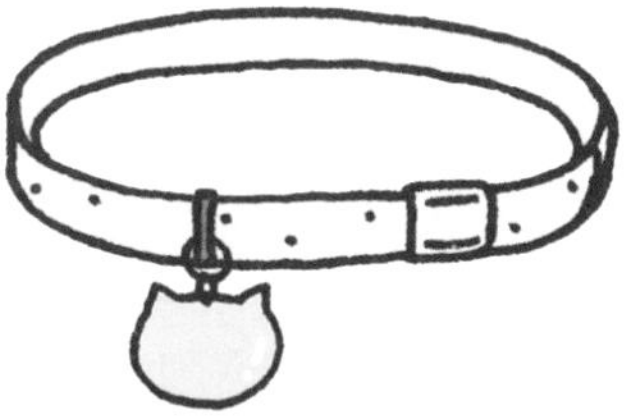

為了掛上防走失名牌，項圈是必需的。為了讓人一眼辨認這是家貓，即使已植入寵物晶片，也推薦同時裝配項圈和名牌。

讓討厭項圈的貓咪習慣戴項圈

如果家裡的貓咪討厭戴項圈，可嘗試以下方法。首先，如果項圈太鬆，貓咪可能會用前爪去抓，導致項圈往上跑卡住嘴巴，請調節項圈至1～2根手指的寬度。在貓迷習慣安全項圈（施力時會自動解開的類型）前，可用繩子將綁起安全扣防止脫落。一開始也可以嘗試用輕質的魔鬼氈圍在脖子上訓練。即使是討厭項圈的貓也會慢慢習慣，只是需要一點耐心。

寵物晶片

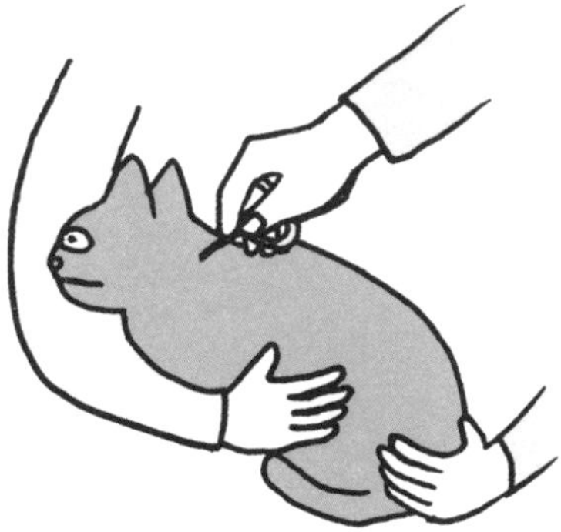

在獸醫院透過類似注射器的工具將其植入貓咪的後頸部。可使用專用掃描器讀取晶片碼，與事先登記的資訊配對，找出飼主的聯繫方式。因此，必須做好事前登記和資料更新。

《 如何讓貓咪習慣外出籠 》

① 將外出籠放在貓咪常待的地方

只須將外出籠放在貓咪常待的地方。貓咪喜歡狹小昏暗的場所，自然而然會進到外出籠。如果貓咪喜歡待在像衣櫃頂部之類的高處，也可以將外出籠放在那裡。也可以在外出籠內放入有貓咪氣味的毛毯等。

② 使用零食或食物誘導

將貓咪喜愛的零食或日常食物放入外出籠中，讓牠在裡面吃，這樣貓咪會對外出籠有好印象。當貓咪習慣進入外出籠後，可以嘗試關閉籠門並透過門縫給予零食，讓貓咪習慣籠門關閉的狀態。

③ 使用木天蓼或貓玩具誘導

如果是喜歡木天蓼的貓咪，則可將沾有木天蓼粉的毛毯或木天蓼棒放入外出籠，讓貓咪在籠內獲得「正向經驗」。可以用木天蓼逗弄誘導貓咪，或將其伸入外出籠縫隙中與貓咪玩耍。

預防萬一的事前訓練

POINT

考量到要一同避難或在避難所生活，最好先讓貓咪習慣外出籠、籠子、背帶，以及熟悉人類。

讓貓咪習慣籠子

在收容所等地方，會需要將貓咪養在籠子裡。在平常讓貓咪習慣籠內生活，可以減輕牠們的壓力。不妨讓貓咪習慣每天花幾小時待在籠內，或晚間睡在籠子裡，會很有幫助。和外出籠相同，讓貓咪在籠內進食或吃零食也是有效手段。

讓貓咪習慣胸背帶

萬一沒有籠子可用，或需要將貓咪養在帳篷內，胸背帶就是很好的防脫逃對策，最好讓貓咪事先習慣。不妨在房間內讓貓咪穿上胸背帶散步。不過由於貓咪身體柔軟，有可能掙脫背帶，無法稱得上是完美的防逃策略。

讓貓咪習慣人類

在避難所，可能會有很多陌生人靠近貓咪的籠子；如果需要把貓咪寄放在動物收容所，也會由工作人員來照顧。因此，最好讓貓咪也習慣其他人。可以邀請朋友來家中，讓貓咪習慣家庭成員以外的人。當貓咪稍微習慣後，可以讓朋友給貓咪零食，或摸摸貓咪，幫助進一步適應。

如果要帶上貓咪一起避難，就必須把貓裝進外出籠。如果貓咪不習慣外出籠，可能會因激動而無法裝入，或對陌生的外出籠產生壓力。因此，平時就需要讓貓咪習慣外出籠。如果貓咪已經因為看醫生而討厭外出籠，則可以嘗試使用不同形狀或材質的新外出籠，將其放置於房間中讓貓習慣。

為了順利度過避難生活，最好讓貓咪習慣籠子、胸背帶，以及飼主之外的其他人。此外，如果貓咪能在被呼叫名字時給予回應或來到飼主身邊，那當然最好。以上訓練都應在不讓貓咪感到有壓力的範圍內進行。

預防萬一的健康管理

① 打預防針

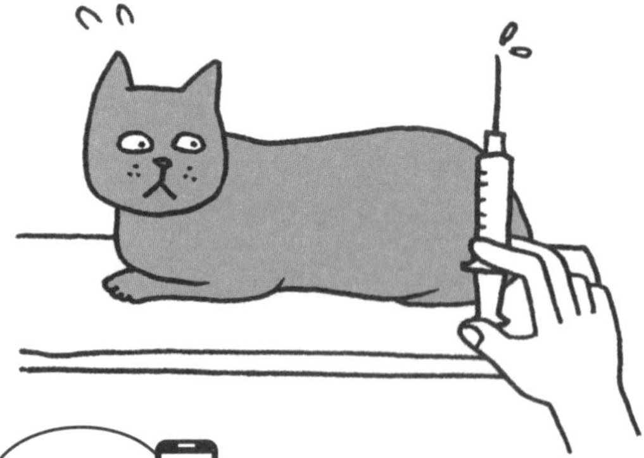

在避難所或收容所中，許多寵物會共同生活。要預防傳染病，就必須施打疫苗。定期接種可以提升免疫力。

保留預防注射證明！

寄養貓咪時，預防注射證明可以作為何時接種了哪些疫苗的證據。將其與愛貓的健康手冊一同保管攜帶（參照P.21）。也可以用手機拍照留存相關資訊。

如果未接種疫苗，貓咪可能會被拒收

由於未接種疫苗的貓咪容易感染疾病，動物醫院或寵物旅館可能會拒絕收留。接種疫苗可視為一種預防萬一的生命保障。

POINT

落實健康管理，有助於在災害時讓貓咪被動物醫院或寵物旅館接納。

在避難生活中，如果貓咪未接種疫苗或未進行驅蟲，可能會被動物醫院或寵物旅館拒收。如果未進行結紮，可能會在發情時大聲亂叫，造成避難所困擾，最糟的情況下還可能逃跑並在當地繁殖。因此，平時做好基本健康管理非常重要，為了預防災害，更該妥善管理。記得保留預防注射證明等健康紀錄。

② 驅蟲

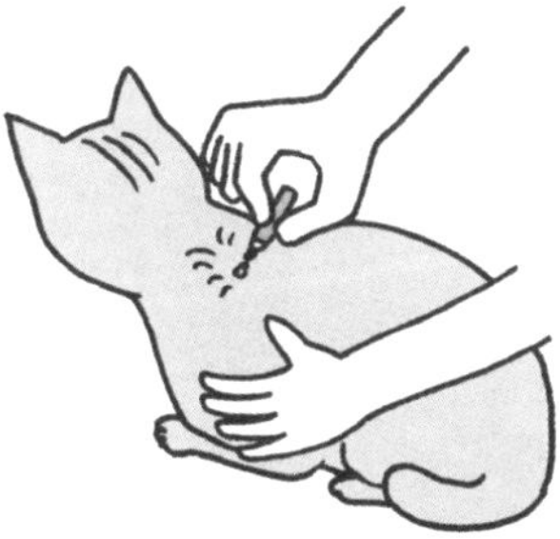

身上有寄生蟲的貓咪有可能成為傳播給其他寵物或人類的感染源，恐怕會被動物醫院或寵物旅館拒收。特別是曾經流浪或會到戶外活動的家貓，更有可能感染寄生蟲，應進行檢查並投予驅蟲藥。

③ 結紮手術

未結紮的貓咪在發情期可能會大聲亂叫，或出現亂尿尿的標記行為，可能會被避難所等地方拒收。如果逃跑並在當地繁殖，將會造成嚴重後果，且交配可能會傳播傳染病。為了預防生殖系統疾病，建議在貓咪半歲左右時進行結紮。

④ 各項檢查

患有貓愛滋或貓白血病的貓咪需要在收容所等地方進行隔離，以免感染其他貓咪，且比一般貓咪更需要落實健康管理。特別是曾經流浪過的貓咪，應檢查是否感染相關疾病。此外，應讓貓咪進行血液檢查等基本檢查，並將結果與貓咪的健康手冊一起保存（參照P.21），或拍照留存於手機中。

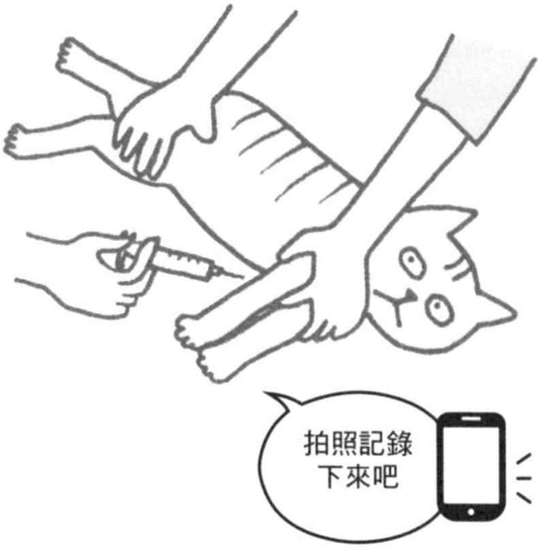

非室內飼養的貓咪
難以進行健康管理
和同行避難

會到戶外活動的貓咪，更容易感染寄生蟲和傳染病。若災害發生時貓咪不在家中，也難以一起帶往避難所，這可能導致貓咪變成流浪貓。考慮到愛貓的福祉，建議將貓咪完全養在室內。

熟悉鄰近的避難場所

一開始去的地方不是災民收容所

災民收容所是在災後度過避難生活的場所，不是一開始會去的地方。

＊避難的流程與場所名稱會因地方而有所不同，可先查詢看看。

《 如有避難之必要 》

緊急疏散集合點

鄰近居民聚集以觀察情況的地方。如公園或學校運動場等熟悉的集合地點。

※中文編注：台灣避難場所標示以下方兩者為主。

當存在火災等危險，疏散集合點變得危險時…

緊急避難場所（室外避難收容處所）

如大型公園或廣場等，較不易發生火災蔓延等危險的開放空間。

當家中受損無法居住時…

臨短避難收容所（室內避難收容處所）

如地震導致住宅倒塌等，無處可去的民眾暫時居住的地方。

在避難時，人們容易首先想到的是「災民收容所」。收容所是無處可去的人暫時居住的地方，開放需要一些時間。最初應前往的是「疏散集合點」或「緊急避難場所」。應查找附近的避難地點。

此外，在水災時，沿河或海邊的避難地點自然較為危險，因此應根據災害類型選擇不同的避難目的地。可透過避難處所標示來了解，事先進行查詢。

POINT

最初去的地方是疏散集合點或緊急避難場所。在任何災害中，應事先和家人決定避難至何處。

災害的類型不同，避難地點也會不同

右側的標示表明，該避難地點適用於洪水、海嘯、土石流等災害情況，但不適用於大規模火災。只要各避難場所有設置此類標示，我們即可查詢最近的避難地點，預先決定在水災時前往A地點、在地震時前往B地點等，避免慌亂。

※中文編注：台灣則會以㊏（土石流）、㊐震（地震）、㊐海（海嘯）、㊌（水災）等文字標示。

圖片來源：（一社）日本標識工業會
「災害種別避難引導標誌系統指南」

提前決定家庭成員的集合地點

考慮到家庭成員可能在不同地點遭遇災害，應提前決定集合的避難地點。考慮到避難地點可能人滿為患，選定「〇〇公園的公用電話旁」等具體地點更佳。災害時電話經常無法使用，因此需要事先約定好。雖然可能無法在當天碰面，但也很難一直在原地枯等，所以最好也設定好時間，如「在上午10點和下午4點碰面」等。

Check一下吧！

確認地區的防災地圖

獲取各地方政府發布的防災避難地圖。避難地點和避難所的位置、可獲取水源的取水點、消防栓的位置、急救醫院等資訊都記載在內，非常實用。除了紙本，也可以從網站下載。最好和家庭成員一同瀏覽，決定集合地點。

MEMO

都會區的防災公園

如東京等都會區域，已設立具備直升機停機坪、防災廁所、取水點、爐灶式座椅等設施的防災公園。建議查詢在災害時，這些值得仰賴的防災公園是否位於你家附近或返家路線上。也可以定期參加爐灶式座椅的使用訓練。

※中文編注：大安森林公園即設有爐灶式座椅。

透過避難訓練強化實際應對

避難訓練中可發現的事項舉例

要把貓咪裝進外出籠真的很困難…

把外出籠放在房間裡，讓貓咪習慣

為了避免抓貓進外出籠時手忙腳亂，最好事先讓貓咪習慣外出籠，學習如何順利裝進貓咪。

➡ P.38 如何讓貓咪習慣外出籠

➡ P.54 捕捉貓咪並準備避難

住在較高樓層，下樓梯很困難！

洽詢社區共用儲物間能否放置儲備用品

即使不得不帶著貓咪下樓梯，也最好儘量減少其他攜帶物品。可試著向管委會提出在較接近地面的儲物間放置緊急用品的需求。也可加入社區的寵物社群，提出存放寵物用儲備品的建議。

➡ P.83 社區居民有可能進不了收容所？

貓咪嚇得大叫！

用毛巾等遮蓋籠子，不讓貓咪看到四周

將貓咪先用毛巾包住再放入外出籠，或事先在外出籠的柵欄部分貼上布，使貓咪看不到周圍，這樣貓通常會比較冷靜。

只要實際模擬過一次帶著貓咪的避難訓練，就會有許多新的發現。這將改變你準備的物品和應對方法。雖然社區和住宅大樓原本就會有防災演練，但如果時間兜不上，也可以自己單獨進行。如果很難把貓咪帶出門，可以嘗試將與貓相等重量的寶特瓶放入外出籠中進行訓練。居住在較高樓層的人，應該就能親身體驗到不使用電梯、光靠走樓梯下樓有多困難。

POINT

帶著貓咪進行避難訓練，可以獲得許多新發現。也請事先確認前往避難地點的安全路徑。

災害時應避開的路線

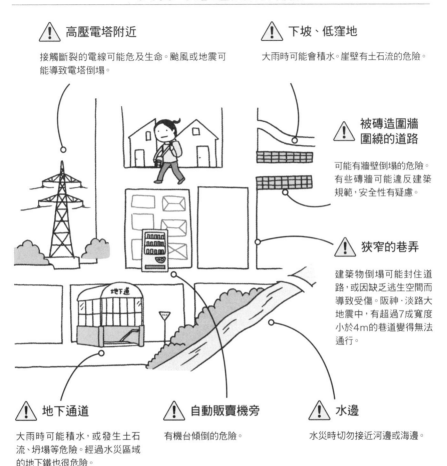

⚠ 高壓電塔附近

接觸斷裂的電線可能危及生命。颱風或地震可能導致電塔倒塌。

⚠ 下坡、低窪地

大雨時可能會積水。崖壁有土石流的危險。

⚠ 被磚造圍牆圍繞的道路

可能有牆壁倒塌的危險。有些磚牆可能違反建築規範，安全性有疑慮。

⚠ 狹窄的巷弄

建築物倒塌可能封住道路，或因缺乏逃生空間而導致受傷。阪神・淡路大地震中，有超過7成寬度小於4m的巷道變得無法通行。

⚠ 地下通道

大雨時可能積水，或發生土石流、坍塌等危險。經過水災區域的地下鐵也很危險。

⚠ 自動販賣機旁

有機台傾倒的危險。

⚠ 水邊

水災時切勿接近河邊或海邊。

行走於積水道路時，應使用雨傘等確認腳下情況

在道路積水前撤離是最佳選擇，但若已經積水時，應使用雨傘等工具確認腳下情況行走。注意：踩入打開的人孔蓋或排水溝可能危及生命。穿著運動鞋比穿著長靴更佳。如果通往避難場所的路徑很危險，避難至高樓也是一個選項。

➡ P.64 與水相關的災害

守護愛貓，從守護自己開始！

～為自己做好準備的點子合輯～

人類食物的儲備點子

訣竅 1 備妥喜愛的食物

如果採用滾動式儲藏法（參見P.19），就不一定要準備長期存放的防災食品，選擇範圍也會變得更廣。普通的咖哩調理包保存期限是1到2年。你可以一邊當作日常餐點品嘗，一邊儲備自己和家人喜愛的食物。特別是在災害時，吃到美味的食物可以獲得力量。

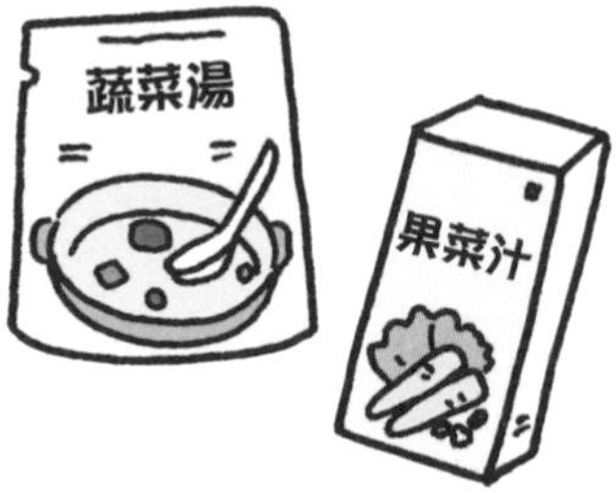

訣竅 2 蔬菜類熟食和果汁大放異彩

救援食物中主食（碳水化合物）居多，蔬菜很少，因此容易導致便秘或身體不適。儲備蔬果汁或蔬菜類熟食（罐頭、瓶裝、調理包等）可以避免這種情況。可將蔬果汁冷凍保存，或準備含有蔬菜的即溶味噌湯。

訣竅 3 甜食有助於減輕壓力

甜食可以有效補充能量，同時也能減輕壓力，提供慰藉。儲備喜歡的食物，如保存期限較長的羊羹或罐裝布丁。隨手可得的糖果、巧克力、餅乾等也很好。水果罐頭還能提供維生素、礦物質、膳食纖維和水分。

準備寫有家人聯絡方式的紙條

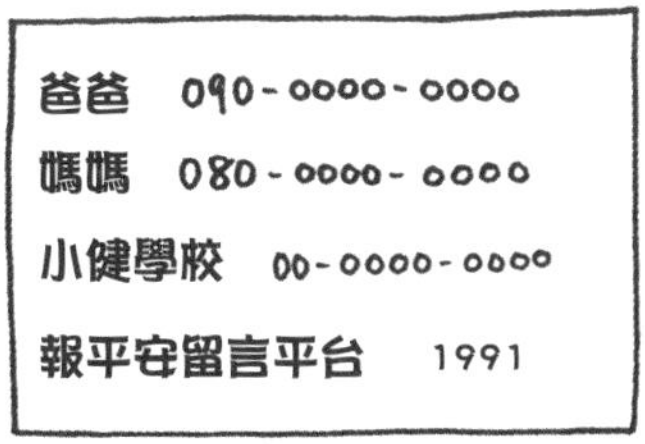

爸爸	090 - 0000 - 0000
媽媽	080 - 0000 - 0000
小健學校	00 - 0000 - 0000
報平安留言平台	1991

很多人是仰賴手機通訊錄來記錄電話號碼。為了減少手機耗電量，以及在手機沒電時聯繫，最好攜帶一張寫有聯絡方式的紙條。為了能在外出時撥打公共電話，不妨攜帶零錢或電話卡比較安心。

包包裡常備手機充電器

如在外出時遭遇災害，手機將成為獲取資訊的生命線。為了避免手機沒電而束手無策，應在包包裡常備充電器。電池式充電器能在災害時派上用場。手搖式充電器因為會消耗體力且產生噪音，所以不太推薦。

不要倒掉浴缸中的剩水

災害發生後，比起電力，自來水的供應可能恢復得更慢。保留浴缸裡的剩水可以確保珍貴的水資源，用於沖馬桶或洗衣等。災害發生後，即使自來水中斷，水管內也可能還有剩水，不妨當下立即在浴缸裡儲水。

枕邊放置手電筒、手機、拖鞋

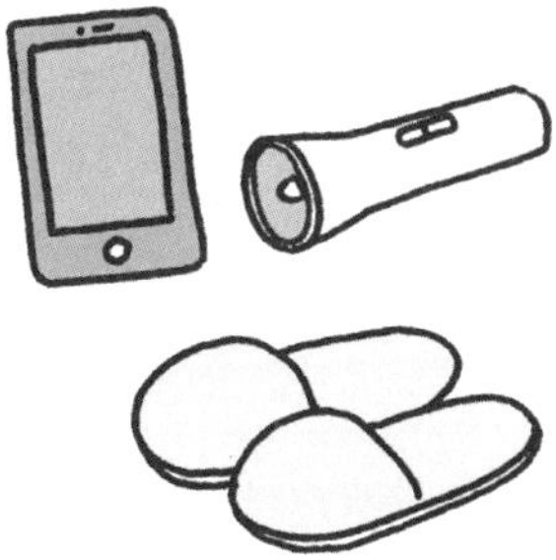

為了應對夜間發生的災害，不妨在枕邊擺放手電筒、手機和保護腳不受傷的拖鞋或運動鞋。市面上也有銷售堅固的防災拖鞋。對視力不佳的人來說，眼鏡是必需品。也有在地震搖晃時自動點亮的燈光設備。

column

維持日常鄰里關係能發揮的作用

災害時常提到的關鍵字有「自助」、「共助」和「公助」。「自助」即個人準備、「公助」即政府支援，「共助」指的則是鄰里間的互助。充實自助是基礎，但要接獲公助可能需要好幾天時間，這時共助就非常重要。阪神・淡路大地震的一項調查顯示，約70%遭活埋或受困者是自行脫困及由家人救出，約30%由朋友或鄰居救出，超過了搜救隊（公助）的1.7%，顯示了共助（朋友・鄰居）的力量。鄰里的「互助精神」，在災害時可以發揮強大作用。特別是在都會區，鄰里關係可能較為疏遠，不妨維持問候習慣並積極參與社區活動。

身為飼主，平時務必遵守飼養規範，避免給鄰居留下不好的印象，也最好結交必要時可依靠的「寵物伙伴」。比起能出門散步的狗狗，貓咪可能較難結交同伴，但同樣身為愛毛小孩的人，和狗狗飼主建立交情也無不可。加入社區的寵物社群也是個好方法。

Point

- 平時就建立「共助」的基礎
- 徹底遵守飼養規範
  提升寵物和主人的形象
- 提前建立寵物伙伴關係

家有寵物
SOS
請協助救援

第2章

當災害發生時！
你該怎麼辦

CASE 1

受災當下該做些什麼

在自家蒙受災害時

首先應保護自己

健康的貓咪動作更敏捷，需要的生存空間也更小，人類的處境反而比較危險。因此，應以保護自己（特別是頭部）為優先。

遭遇較大地震時，瓦斯會自動關閉

微電腦瓦斯表在感受到5級以上的大幅地震時，安全裝置會啟動，瓦斯會自動停止供應。比起急忙前往廚房關火，更應先保護自己。

＊未安裝微電腦瓦斯表的舊型瓦斯爐可能沒有安全裝置。

震動平息後再找貓

地震發生當下，貓咪也會驚慌失措而難以捕捉。應待搖晃停止後再去尋找。事先為貓咪準備藏身之處，找起來會較輕鬆。

➡ P.34 為貓咪創造緊急時刻的躲藏場所

以上是地震發生時應採取的行動。火災或水災時的行動會有所不同，但共同點是「首先要保護自己和家人的安全」。請按照心得之一「人命擺第一」（參照第8頁）行事。也就是說，在災難發生瞬間，你並無法立刻為貓咪做些什麼。應事先固定家具以防傾倒、為貓咪打造恐懼時可以躲藏的地方，並讓貓咪習慣收容所需的外出籠等，做好這些事前準備非常重要。

POINT

在遭遇災難的瞬間，應優先保護自己的安全。貓咪動作敏捷且所需生存空間小，比人類更有可能存活。

發生地震！人在家中不同位置的即時判斷

① 如果在浴室裡

為了避免被困，應保持入口開放，並使用洗臉盆保護頭部。穿上拖鞋以防腳部受傷。

② 如果在廁所裡

開門確認逃生路徑。如果是符合新耐震基準的建築，廁所相對來說是較安全的空間，在震動停止前可以留在廁所內。

③ 如果在二樓或更高處

如果是老舊建築，一樓的倒塌風險較高，二樓以上相對較安全。如果能夠移動，應前往容易逃到外面的走廊。

④ 如果在陽台上

如果是老舊建築，陽台可能會整個崩落，樓上的陽台也有坍塌的危險。應立即移動到室內。

當緊急地震速報響起

日本自2007年啟用緊急地震速報系統，在預期會發生大地震時，會透過電視、廣播和網路發布警報（※中文編注：台灣於2016年成立災防告警細胞廣播訊息系統）。最好將手機設定為能接收速報的狀態。速報後地震可能會立即到來，或可能延後數十秒，但無論如何應立即中止任何活動，移動到安全地點。如果地震尚未立即來臨，應打開門以確保逃生路徑，並穿上拖鞋或鞋子。

CASE 1 在自家蒙受災害時

受災之後該做的事

確認自身狀態

首先確認自己的安全。檢查自己是否受傷，是否需要救援。

需要救援的情況

如果受傷無法移動，或被物體壓制無法自由行動，應使用身邊的堅硬物品敲擊發出聲響，讓搜救人員知道自己的位置。持續大聲呼喊會消耗體力，可能會帶來危險。

保護腳部並確保避難路徑

即使在室內也應穿上鞋子，或至少穿上拖鞋保護腳部，開門並確保通往室外的避難路徑。這應在餘震導致建築變形使門無法開啟前完成。

如果發生火災

當火勢較小時，可使用滅火器或水桶進行撲滅。若火勢大且感到生命危險，應立即逃離現場。在周圍大聲呼喊「失火」以警示他人，一旦安全撤離後，應撥打119通報。

若有海嘯或土石流的危險

發布警報、特別警報或土石流警戒時，應迅速避難。

地震搖晃停止後，首先要確保避難路徑，以避免餘震使建築變形導致門無法開啟的危險。

接著，確認家人和貓咪的安全。許多貓咪會因害怕而躲藏，或因恐慌而亂跑，甚至對飼主表現出攻擊性。你很難將激動的貓咪裝入外出籠，強行操作可能會導致飼主受傷，應等貓咪稍微平靜下來後再進行。

為了判斷是否需要離家避難，應透過電視、收音機、網路蒐集資訊。當地方政府發出避難建議或避難指令，或氣象廳發出

POINT

地震搖晃停止後，應依次確認自身狀態、確保避難路徑、查看家人及貓咪的安危。

如果找不到貓咪

貓咪可能因災害受驚嚇而躲著不出來，或者家中一片混亂、找不到貓在哪裡。已發布避難指令等緊急情況下，必須將貓咪留下，只有人類前往避難。

➡ P.58 不得已時留下貓咪後避難

確認家人及貓咪的安危

確認家中人員及貓咪的位置、有無受傷等情形。可以的話，就將貓咪裝入外出籠。

➡ P.54 捕捉貓咪並準備避難

蒐集資訊並判斷是否避難

蒐集資訊，確認是否發布避難資訊、是否存在火災或土壤液化的危險等。停電時，電池式收音機將能派上用場。也應檢查屋內外的損害情況，以判斷是否需要避難。

➡ P.56 與貓咪同行避難

貓咪受傷了

貓咪可能因家具倒塌等原因受傷。即使需要緊急處置，但如果必須儘速撤離，就在同行避難後再處理。

➡ P.66 貓咪的緊急處置

避難資訊

危險：大 → 小

指示撤離（緊急）	在災害發生等情況進一步惡化，人身安全風險極大升高的情況下，尚未避難者應緊急撤離。*
避難勸告	當預計會發生災害，人身傷害的可能性升高時。應迅速疏散。*
避難準備・年長者等開始疏散	當預計會發出避難勸告或指示撤離（緊急）時，應做好隨時疏散的準備。年長者等需要較多時間疏散的人，及其支援者應開始疏散。

＊ 在外出可能會更加危及生命的情況下，應避難到附近的安全地點或家中更安全的場所。

警報或特別警報時，由於危險性較高，疏散將更安全。

《 用大塊布料包裹後裝入外出籠 》

① 從貓咪背後蓋上

從貓咪背後蓋上浴巾或毛毯。當貓咪被蓋住臉部、視線被阻擋時，應會暫時停止動作。可使用鋪在貓睡床上的毛巾等，有自己的氣味能讓貓咪多少感到安心。

可戴上厚手套作為防護

只要戴上厚實的皮革手套，即使被貓咪咬到也不會被咬穿。不過會變得較難進行細微操作。

② 包裹全身

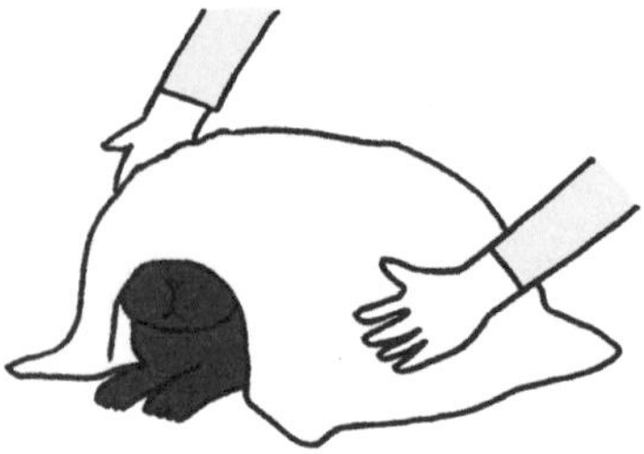

繼續裹住貓咪全身，從毛巾上方固定貓咪。壓住前腳肩胛骨附近可使貓咪難以掙扎。重點在於讓毛巾持續遮住臉和嘴巴，以防貓咪轉身咬人。

③ 直接放入外出籠

將貓咪連同毛巾一起放入外出籠。如果是側開式外出籠，則從頭部開始放入貓；如果是上開式外出籠，則從尾部開始放入會更順利。全身進入後就隨即關門。如果有兩個人，最好一個人負責放貓，一個人負責關門。

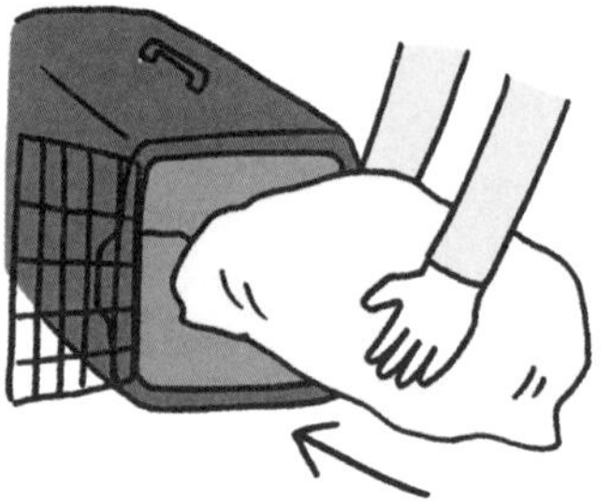

POINT

災害發生後應將貓咪裝入外出籠，以便隨時避難。推薦使用大塊布料包裹貓咪的方法。

將貓咪裝入洗衣袋以防逃脫

按照右頁的方法用毛巾等包裹貓咪後，如果有餘裕，可以先將其放入洗衣袋再裝入外出籠，防止貓咪逃脫。如果無法拿到家裡的外出籠，可將貓咪放入洗衣袋後，再裝入袋子等帶出避難。

在外出籠內先鋪設寵物尿布墊，貓咪尿濕也沒關係

貓咪可能在移動過程中尿尿，或避難後有很長一段時間無法放出籠。有些外出籠可以鋪設寵物尿布墊，如果沒有這種設計，也可將尿布墊用膠帶固定在底部。

萬一需要避難時，以膠帶加固外出籠

外出籠的卡榫可能會因老化而開啟，或在掉落時解體。可用膠帶繞外出籠一周加固，或以包巾裹起外出籠。如果是拉鍊式外出籠，則可用膠帶固定拉鍊的手柄部分，防止貓咪從內部打開。

在災害發生後，一旦確認好貓咪位置且貓已經冷靜下來，就應將先將其裝進外出籠。即使實際上不需要避難，考慮到可能有餘震等狀況變化，隨時做好避難準備會更安心。在此過程中，為避免被貓咪咬傷或抓傷，建議先用大塊布料或毛巾包裹貓咪再裝入外出籠。平日溫馴的貓可能在災害時因恐慌而掙扎，如飼主因此受傷可能會拖慢行動。最好平日就練習用布將貓咪包住並放進外出籠。

實際避難時，應以膠帶加固外出籠，以防貓咪逃脫。

CASE 1 在自家蒙受災害時

與貓咪同行避難

《 離開家裡前應完成的事項 》

① 關閉總電源

如果家電設備在開啟狀態下傾倒，可能在恢復供電後引發短路，導致火災。

② 關閉瓦斯閥

如果瓦斯管線或裝置損壞，當瓦斯恢復供應時可能會導致瓦斯外洩、爆炸等危險。

③ 將門窗上鎖

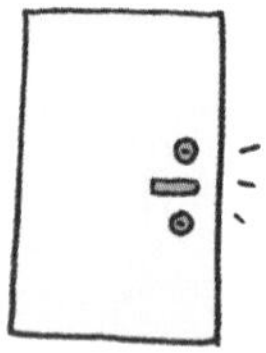

如果牆面等未損壞，上鎖可以增加安全性。這是因為災區可能會吸引小偷。窗戶也應同樣上鎖。

④ 留言給家人

為了方便家人返家時即時了解狀況，可以在玄關內側留下留言，藉此報平安。也可以使用報平安留言平台等。

POINT

進行疏散時，以帶上貓咪「同行避難」為基本原則。若將貓咪留置家中，可能有無法返回的風險。

當避難指示發布或有火災等危險逼近時，應攜帶貓咪同行避難。若因為「覺得很快就能回來」而留下貓咪，可能會因為自家所在區域被劃為警戒區而無法返回。

之所以建議飼主與寵物同行避難，不僅是為了防止無人照顧的動物衰弱或死亡，還能避免災區出現流浪動物，導致環境惡化或對人造成危害，是基於公共利益的考量。

避難時的裝備

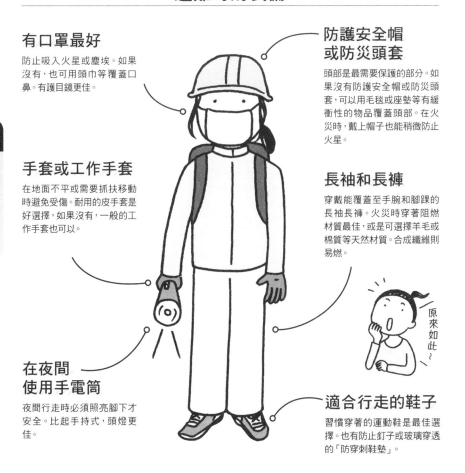

有口罩最好

防止吸入火星或塵埃。如果沒有，也可用頭巾等覆蓋口鼻。有護目鏡更佳。

防護安全帽或防災頭套

頭部是最需要保護的部分。如果沒有防護安全帽或防災頭套，可以用毛毯或座墊等有緩衝性的物品覆蓋頭部。在火災時，戴上帽子也能稍微防止火星。

手套或工作手套

在地面不平或需要抓扶移動時避免受傷。耐用的皮手套是好選擇，如果沒有，一般的工作手套也可以。

長袖和長褲

穿戴能覆蓋至手腕和腳踝的長袖長褲。火災時穿著阻燃材質最佳，或是可選擇羊毛或棉質等天然材質。合成纖維則易燃。

在夜間使用手電筒

夜間行走時必須照亮腳下才安全。比起手持式，頭燈更佳。

適合行走的鞋子

習慣穿著的運動鞋是最佳選擇。也有防止釘子或玻璃穿透的「防穿刺鞋墊」。

Q 可以開車避難嗎？

A 避難應以徒步為原則。在大規模災害時，可能導致道路龜裂或高速公路崩塌，或因交通管制而導致嚴重交通堵塞。如果在駕駛途中遭遇災害，建議留置車輛徒步避難。然而，如果有發生海嘯的危險，則需要盡快駕車前往高處，這時允許開車避難。

CASE 1

不得已時留下貓咪後避難

在自家蒙受災害時

《 為留在家中的貓咪事先做好的準備 》

① 儘可能多放一些食物

為了確保留在家中的貓咪能夠生存，應放置夠多的貓食。保存期限長的乾糧為佳，只需撕開袋子即可。如果不確定貓在哪個房間，應開啟所有房門，並用東西擋住門防止關上，以免貓咪被困在某個房間而無法取得食物。

② 儘可能多放水

食物和水都是必需的。可在水槽、洗臉盆或其他大容器中放入夠多的水。未經過淨水處理器處理的水較不易腐壞。也可在浴缸中放入不至於讓貓咪溺水的水量。

當貓咪在家中下落不明，或因過度激動而無法裝入外出籠，沒辦法同行避難時，如果危險迫近，人類可能只能先自行避難。在這種情況下，你仍然可以為留在家中的貓咪準備食物和水。

如果自家所在地區被指定為警戒區，無法立即返家，應聯繫當地政府的動物管理部門尋求協助。擅自決定返家可能會危及生命。

POINT

無法帶貓咪同行避難時，即使不得已必須把貓留在家，還是可以準備食物和水等等。

③ 確保貓咪有躲藏的地方

在災害發生時，即使提前為貓咪準備好藏身之處，貓仍有可能在恐懼時逃到其他地方躲藏。不過一旦平靜下來，貓咪通常會返回熟悉的躲藏處。應確保躲藏處的門已開啟固定好，並在附近準備好食物和水。在地震時，新建築的廁所相對安全，可考慮將貓咪躲藏所設置其中。

➡ P.34
為貓咪創造緊急時刻的躲藏場所

④ 炎熱或寒冷時的對策

利用門擋等工具，確保貓咪可自由進出房間，以尋找家中溫度適宜的地方。寒冷時，可以在臥室使用毛毯或被子取暖；炎熱時，可以在相對涼爽的浴室或玄關地板上降溫。

災害發生時的NG行動

- ✖ 用打火機等點火
- ✖ 扳起斷路器
- ✖ 打開電燈開關
- ✖ 撥打非緊急的電話　等

點火有可能在瓦斯外洩的情況下引發火災。應使用手電筒照明，而非蠟燭。為避免漏電走火，不應扳起斷路器或開關電燈。由於電話線路可能壅塞，應避免進行非緊急通話。

CASE 2

無法立即返家的時候

在外蒙受災害時

《 外出時遭遇災害的應對流程圖 》

無法返家
- 如果在戶外或街上 → 前往鄰近避難場所 → 轉至臨時收容設施

首先前往鄰近的避難場所觀察情況。若在市區因公共交通中斷而無法返家，則可轉往政府公告的臨時收容設施。

- 如果在職場等地 → 留在原地

如果建築物沒有倒塌的危險，則留在原地是最安全的。應於職場等地點備妥最基本的應急物資。

能夠返家
- 回家

如果可以安全返家，則返家以救助家中貓咪。如果回家路途危險，則不應冒險。

如果無法立即返家，
可使用遠端控制的自動餵食器

某些自動餵食器可以透過網路遠端操作，只要家中沒有停電，即使無法立即返家，也能確保貓咪有東西吃。

外出遭遇災難時，如果離家不遠，可以迅速返家；但如果在較遠的地方，可能會因交通癱瘓而暫時無法返家。這時應先確認家人的安危，隨後再確認貓咪的安危。如果家裡有人在，可請家人協助確認貓咪的情況。若家中電力供應正常，也可以透過監視攝影機檢查。

如果可以從窗外看見貓咪，也可以請附近的熟人幫忙確認。為此，建立可靠的鄰里關係非常重要。

POINT

外出時受災可能會難以返家。應該提前擬好對策，以便在外也能確認家中貓咪安危。

三 人貓共用緊急用品清單

項目	是否備妥		數量
飲用水（軟水）	□是	□否	
運動飲料（粉末型較不佔空間）	□是	□否	
急救包 □繃帶 □紗布 □透氣膠帶 □棉花棒 □剪刀 □鑷子 □生理食鹽水 □消毒用酒精 □凡士林	□是	□否	
毛巾、毯子	□是	□否	
保鮮膜	□是	□否	
布膠帶、膠帶	□是	□否	
油性筆	□是	□否	
報紙	□是	□否	
塑膠袋（大・小）	□是	□否	
濕紙巾（無酒精類型）	□是	□否	
清潔用具	□是	□否	
熱水袋、暖暖包（冬天用）	□是	□否	
急速冷卻包（夏天用）	□是	□否	

3 生活用品			
項目	是否備妥		數量
面紙、衛生紙	□是	□否	
卡式爐・瓦斯罐	□是	□否	
緊急用簡易廁所	□是	□否	
乳膠手套（一次性）	□是	□否	
洗漱用品、牙刷、漱口水	□是	□否	
乾洗髮	□是	□否	
消毒用酒精	□是	□否	
衣服、內衣	□是	□否	

4 女性用品			
項目	是否備妥		數量
生理用品	□是	□否	
衛生護墊	□是	□否	
便攜式沖洗器	□是	□否	
髮圈	□是	□否	
化妝水等基礎保養品	□是	□否	
防犯警報器、哨子	□是	□否	
附罩杯上衣	□是	□否	

5 需事先整理的貴重物品			
項目	是否備妥		數量
身分證	□是	□否	
存摺	□是	□否	
駕照	□是	□否	
健保卡	□是	□否	
資產證明（股票等）	□是	□否	
印章	□是	□否	
家庭照片	□是	□否	
防水拉鍊袋	□是	□否	

二 人用緊急用品清單

1 緊急攜帶物品

項目	是否備妥		數量
慢性病用藥、常備藥	□是	□否	
頭燈、手電筒	□是	□否	
攜帶型收音機	□是	□否	
手機充電器	□是	□否	
防護安全帽、防災頭套	□是	□否	
工作手套、口罩	□是	□否	
電池	□是	□否	
打火機、蠟燭	□是	□否	
瑞士刀	□是	□否	
現金、零錢	□是	□否	
防災地圖	□是	□否	
緊急求生毯	□是	□否	

2 糧食

項目	是否備妥		數量
飲用水	□是	□否	
主食（即食米飯、麵類等）	□是	□否	
主菜（調理包、冷凍食品等）	□是	□否	
罐頭（肉類或魚類熟食、水果、豆類等）	□是	□否	
果菜汁、蔬菜湯	□是	□否	
不需加熱即可食用的食品（魚板、起司等）	□是	□否	
點心（巧克力、糖果等）	□是	□否	
營養補充食品	□是	□否	
調味料（醬油、鹽等）	□是	□否	

跟貓咪
一起活下去！

貓奴專用緊急避難檢查卡

一 貓用緊急用品清單

優先順序 1 最優先攜帶的物品			
項目	是否備妥		數量
外出籠	□是	□否	
貓食 □乾糧　□濕食　□零食	□是	□否	
慢性病用藥	□是	□否	
處方飼料	□是	□否	
針筒	□是	□否	
滴管	□是	□否	

優先順序 2 儘可能攜帶的物品			
項目	是否備妥		數量
貓咪的照片（臉部、全身、花色、尾巴等）	□是	□否	
與飼主的合照	□是	□否	
貓咪健康手冊（參見 P.108）	□是	□否	
貓咪協尋傳單	□是	□否	

優先順序 3 有的話更方便，可稍後攜帶的物品			
項目	是否備妥		數量
籠子	□是	□否	
貓砂盆、貓砂、寵物尿布墊	□是	□否	
貓床	□是	□否	
飲食器具、水碗	□是	□否	
伊麗莎白項圈	□是	□否	
貓毛梳	□是	□否	
玩具	□是	□否	
木天蓼	□是	□否	
寵物用除臭劑、寵物乾洗劑	□是	□否	
涼感墊（夏天用）	□是	□否	

《 如何確認貓咪的安危 》

① 若家中有人在，則透過報平安留言平台等聯繫

一般電話線路常會因壅塞而打不通，可使用報平安留言平台或 LINE 等方式確認家人安危。如果家中有人，也可以同時確認貓咪的安危。

➡ P.111　透過LINE確認安危

② 透過監視攝影機確認

事先在貓咪常出沒的地方設置網路攝影機，就可以確認貓咪是否平安無事。

③ 請鄰居幫忙確認

如果你的住家可從窗外窺視到室內，可以請關係良好的鄰居去看看。即使看不清楚室內狀況，確認建築物是否安全也足以讓人安心。但須事先與該鄰居建立好聯繫方式（如報平安留言平台等）。

長距離徒步返家的方法

若距離雖遠但尚能步行返家，則運動鞋和返家支援地圖都能派上用場。如果穿著高跟鞋，可能會無法長距離行走。最好在公司等地方預備一雙運動鞋。

對於難以返家的人，市區便利商、加油站、家庭餐廳等將作為「返家困難者支援中繼站」（※中文編注：台灣中繼站地點可能不同），支援飲水、廁所以及透過電視和收音機傳遞的防災資訊。

不同場所的生存戰略
～在外遭逢地震時如何保護自己～

保護頭部的基本方式：使用背包

不論身處何處，保護頭部都非常重要。可以將背包放在頭頂，若沒有大背包，則可用上衣覆蓋頭部；如果在超市裡，甚至可用購物籃蓋在手上。若真的什麼都沒有，可將手腕向內彎，護住動脈的同時抱住頭部。採取蹲下等低姿勢可以減少跌倒的機會。

鬧區

高層建築有可能掉落碎裂玻璃等掉落物。如果附近有耐震程度高的新建築，可以逃至其內；若無，則應儘量遠離建築物，轉移到廣場等較安全無掉落物的地方。人多的地方可能會發生恐慌，需要保持冷靜行動。

橫濱市已認證符合耐震標準的建築物上會標示「防震標誌」。

地下街

地下街比地面更安全。在柱子或牆邊保護頭部，等待震動停止。每隔60m會有一個地上出口（編注：台灣可能不同）。注意：地震發生當下，逃生出口可能擁擠。停電時容易發生恐慌，應冷靜使用手機的手電筒功能照亮周遭。

路上

應避開可能倒塌的石塊牆、磚牆、自動販賣機等。狹窄的巷弄容易被塞住，應提前移動。阪神・淡路大地震時，超過7成寬度小於4米的道路無法通行。

➡ P.45 災害時應避開的路線

高層建築・大樓

由於高層建築會與地震波共振，因此容易搖晃且搖晃時間較長。此外，越高的樓層搖晃幅度越大。在辦公室內，可能會發生印表機位移、人站不穩等情形。建議移動至掉落物相對較少的梯廳或樓梯間等待搖晃停止。

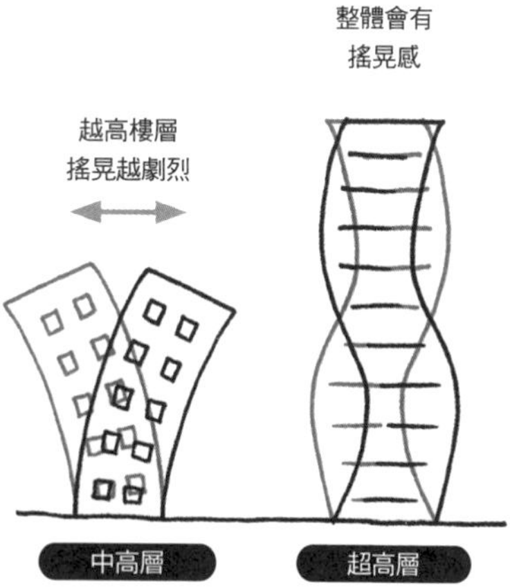

電梯內

按下所有樓層的按鈕，並在電梯停下的樓層離開。如果受困，應使用對講機與外界聯繫。即使停電，應急照明也會開啟。某些電梯會設置緊急用品，如水、食物和簡易廁所。順帶一提，只有日本的電梯上方救出口能從內側打開。

車站內部

為避免從月台跌落，應儘量遠離軌道，並在柱子旁等待搖晃停止。在樓梯或手扶梯附近應保持低姿勢以避免跌倒。搖晃停止後，請依車站工作人員的指示進行疏散。地鐵站內比地面更安全，最好不要急著跑到地面。

電車內

當感知到強烈搖晃時，電車會緊急停止。如果站立，應抓住扶手或吊帶以防倒地，坐著則用背包等保護頭部並保持低姿勢。即使停電，應急照明也會在一段時間後開啟。搖晃停止後，遵循乘務員的指示疏散。絕不可擅自走上軌道，以避免觸電。

駕駛中

開啟危險警示燈，逐漸減速，將車輛靠邊停放並熄火，等待搖晃平息。透過收音機等蒐集資訊，如有必要則徒步避難。如可以，將車輛移至停車場或廣場等道路之外的地點。將貴重物品和行照帶走。

➡ P.57 可以開車避難嗎？

在水深達到腳踝之前撤離

➡ P.45 如何行走於積水道路

80cm…… 水深及腰，此時行走非常危險！
70cm…… 即使是男性也會難以步行。
50cm…… 女性將難以步行。
30cm…… 將難以開啟向外開的門。
20cm…… 兒童將無法開啟向外開的門。

與水相關的災害（豪雨洪水、土石災害等）

隨著異常氣候現象增加，颱風和集中豪雨引發的水災越來越多。水災的避難原則是越早越好，當道路淹水超過腳踝深度時，行走就會很危險。如果來不及撤離，可以進行垂直避難（移至自家或鄰近建築的高層）。但即使在二樓或更高樓層，也可能發生淹水。應時刻關注氣象資訊，一旦發布警報就作出避難決定。特別是夜間避難風險較高，若預計將有豪大雨或颱風來襲，應在天黑之前撤離。

POINT

在積水道路行走很危險，應於淹水前撤離。若來不及，則應採取垂直避難，即移動至高樓層。

當屋外避難危險時的應對策略

拉上防雨窗和窗簾，遠離窗戶

為防止風雨，應拉上防雨窗。為預防窗戶破碎，拉上窗簾並用膠帶將窗簾邊緣固定於牆上，這樣可以防止玻璃碎片飛散。

移至建物的２樓以上或非山坡面

若預期可能淹水，應儘量移至較高樓層。如果是位於山坡或懸崖旁的建築，為減少土石流風險，應向非山坡面移動。

從地下室或半地下室迅速撤離

當地下室進水時，外開門可能無法開啟，有受困的風險。此外，下水道逆流可能會導致浴室或廁所的水倒灌噴出。

使用沙包或擋水袋防止進水

堆疊沙包或擋水袋（以吸水代替裝填沙土的袋子）來防止水進入建築物。也可用兩層垃圾袋裝滿半袋水並綁緊，作為臨時擋水袋。

海嘯避難不是到「更遠處」，而是到「更高處」

海嘯有可能沿平坦地帶向內陸推進10公里以上。因此，應向「更高處」而不僅僅是「更遠處」避難。若附近無高地可供避難，則應尋找海嘯避難建築（至少三層高的鋼筋混凝土建築）。

海嘯避難地點　海嘯避難建築

在雷雨中進行避難

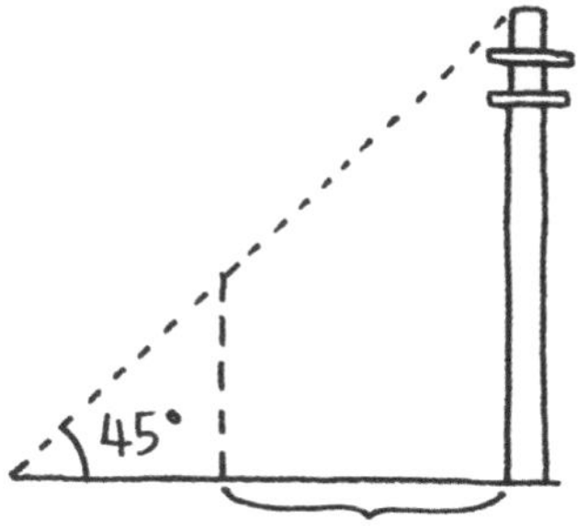

因樹木和電線桿易遭雷擊，應保持至少4m的安全距離。圖中左側的三角形範圍相對安全。請勿撐傘以避免增加雷擊風險。在開闊場所要儘量保持低姿勢。

受傷或生病時 貓咪的緊急處置

POINT

作為飼主，應提前了解無法得到獸醫診治時的緊急處置方法。

這裡介紹的緊急處置，是在找不到獸醫或無法立即送往動物醫院的情況下，為了儘可能救助貓咪的性命而進行。如果可以，最好還是將貓咪送到動物醫院。即使無法送醫，如果能夠與獸醫取得聯繫，按照獸醫的指示進行處理會更安全。錯誤的處理方式可能會導致情況惡化。即使在災害發生時，許多動物醫院仍會持續提供診療。在過去的災害中，也有即使建築全毀或半毀，仍在沒有電力和水源的情況下進行緊急救助的動物醫院。

確認有無意識

不要搖動貓咪的身體，而是在其耳旁輕聲呼喚，檢查是否有反應。

⇦ **有意識** ⇦

確認外傷等

如發現外傷，應進行緊急處置。但若貓咪意識清醒且感到疼痛，可能會因激動而咬飼主，所以需要先保定。如果貓掙扎得太厲害，則應放棄自行處理，儘快裝進外出籠中送往動物醫院。

➡ P.69 保定的方式

⇦ **無意識** ⇦

確認心跳

將耳朵貼在貓咪左側胸口，確認是否有心跳。正常情況下，每分鐘應聽到120至220次心跳。可以數15秒心跳後乘以4。

有心跳

確認有無呼吸

觀察胸部是否有上下起伏。可以將鏡子或眼鏡放在鼻尖附近，看是否會起霧，或是將小塊面紙放在鼻前，看是否被氣息吹動。

有呼吸

保持安靜

有呼吸心跳時，應將貓咪心臟一側（左側）略為向上，讓牠保持安靜，並等待意識恢復。同時進行任何必要的急救處理。若超過10分鐘後意識仍未恢復，應立即送往動物醫院。

心跳停止

進行【人工呼吸】和【心臟按摩】

P.75

P.76

呼吸停止

進行【人工呼吸】

P.75

不要進行心臟按摩。當心臟仍在跳動時，進行心臟按摩可能會造成額外負擔。

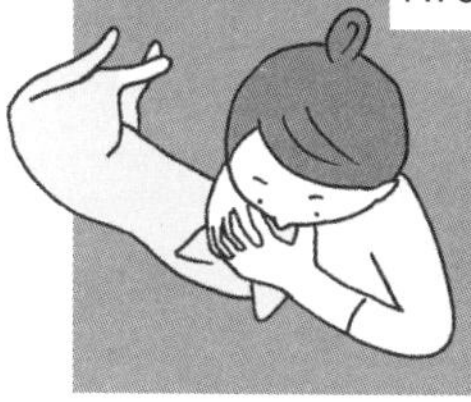

在進行緊急處置時，確保在安全的環境下進行，避免飼主自身遭受傷害。最重要的是飼主須先保持冷靜，避免大聲喧嘩，以免讓貓咪陷入恐慌。

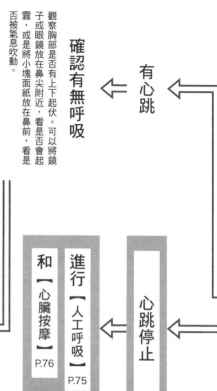

時間限制為15分鐘

心跳停止5分鐘後腦部會開始壞死，10分鐘後復甦的機率可能降至零。即使立即施行心肺復甦術，透過心臟按摩幫助血液流向大腦，總時間限制仍是15分鐘。若持續15分鐘後仍未恢復脈搏或自主呼吸，很遺憾，生存的希望極低。對於無法救回愛貓的情況，也不應過度自責。

出血

要採用哪種止血方法，依是靜脈出血還是動脈出血而異。

血液緩緩流出

靜脈出血

↓

加壓止血

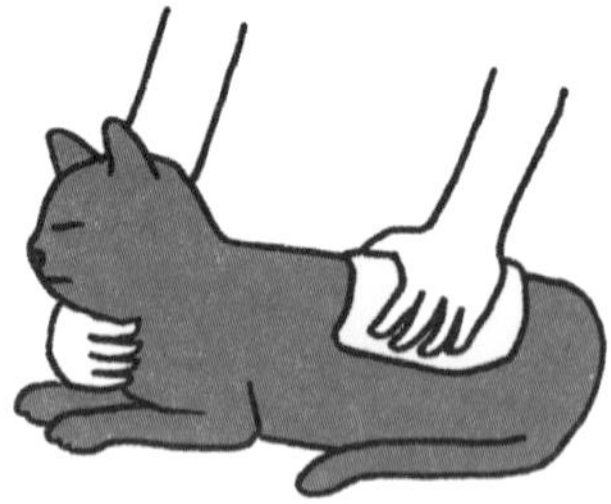

（必要物品）
紗布或繃帶，沒有則可用手帕或毛巾

將紗布或繃帶等大力按壓於傷口上。即使血液滲出也無須更換紗布，持續加壓（換紗布會使剛開始結痂的傷口又開放）。持續加壓超過5分鐘後，可在紗布上以繃帶等輕輕包紮患部以保護傷口。也可以使用手帕、毛巾或其他布料加壓，但不建議使用容易沾附在傷口上的棉花或衛生紙。

血液急速湧出

動脈出血

↓

綁住靠近心臟的部位

（必要物品）
繃帶、毛巾、手帕、筆等棒狀物

將繃帶、毛巾或手帕等綁在傷口靠近心臟的部位以止血。可於綁結上插入筆等棒狀物後再纏繞一圈，確保綁得夠緊。為防止綑綁部位血液供應不足導致組織壞死，應每5分鐘應放鬆一次綁結。出血減少後，應轉換為上述的加壓止血法。

MEMO

輕微出血只須沖洗即可

如果出血不多，只需用流動的水沖洗傷口，清除傷口上的沙子等汙物即可。如果找不到水龍頭，則可用寶特瓶或杯子倒水沖洗。如果無水可用，也應儘量清潔傷口。

如何辨識是否貧血

像做鬼臉一樣輕拉貓咪的下眼瞼，檢查其內側。如果看起來失去紅色，呈現白色，恐怕就是因出血過多而導致貧血。牙齦顏色也是同理。即使外表看不出外傷，也有可能在體內發生出血。應儘快送往動物醫院。

貓咪有意識時應先保定再進行處置

即使想進行緊急處置，一旦貓咪掙扎或咬人就無法執行，並可能會傷害到飼主。因此，在對有意識的貓咪進行緊急處置前，事先保定非常重要。如P.71所述，有時可能需要兩人合作。若無法有效保定，就不應試圖自行處理，而是把貓咪送往動物醫院為佳。

伊莉莎白項圈

使用伊莉莎白項圈可以減少被咬的風險，你甚至可以用透明文件夾等材料自製。這不僅可以防止貓咪咬人，也能防止貓咪舔傷口而導致傷勢惡化。

洗衣袋

將貓咪裝入洗衣袋中可以控制其動作，可將拉鍊稍微開一點，只露出頭部或需要處理的部位。如果再用毛巾等覆蓋貓咪的臉部，效果會更好。

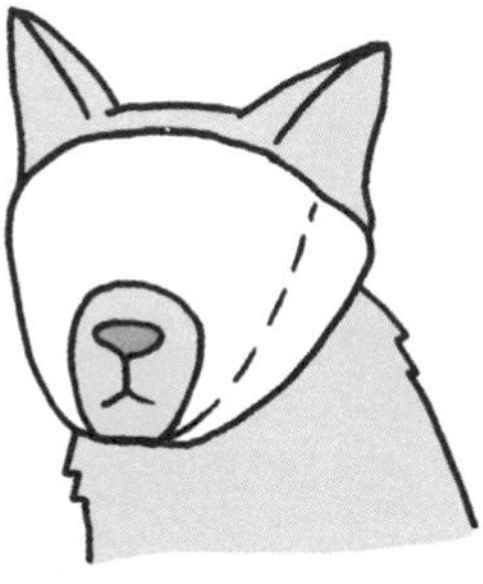

輔助面罩

這是為了剪指甲時會掙扎的貓咪而開發的產品。由於許多貓咪眼睛被遮住後就會冷靜下來，這種面罩也可用於緊急處置。如果貓咪還是會掙扎，則可以用浴巾等物品進一步固定。

用繃帶保定口部

這是一個難度較高的技巧，需要用繃帶緊緊固定貓咪的口部。將繃帶繞過貓咪的嘴部，在下巴下方交叉，然後在頸背後打結。這樣可以防止貓咪張開嘴巴。但這種方法不適用於鼻子短的貓，將繃帶繞過脖子時也須小心別勒太緊。完成緊急處置後，應儘快解開繃帶。

骨折・挫傷

要確定是骨折還是挫傷對於非專業人士來說可能很困難，但無論哪種情況，都不應隨意移動患部。

挫傷

↓

冰敷

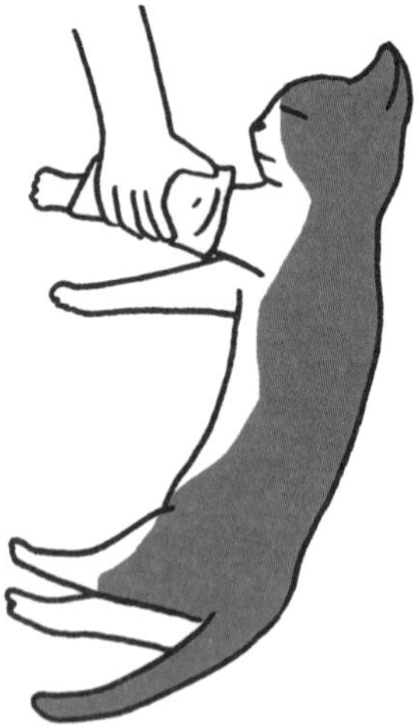

如果傷口沒有明顯外傷，應先冰敷患部。可使用保冷劑、冰枕或冰敷袋。建議冰敷時間為15至20分鐘。

（必要物品）
保冷劑、冰枕、冰敷袋等

骨折

↓

固定

（必要物品）紙板、繃帶、毛巾、膠帶

如果患部異常腫脹，或者腿部朝異常方向彎曲，則可能是骨折。為防止患部受到碰撞或貓咪因疼痛掙扎導致傷勢惡化，應使用副木固定。可用紙箱或木片加以固定，並以膠帶、繃帶或毛巾包紮。如果無法正確放置副木，則不應勉強操作，儘可能不動到傷處並儘速送往動物醫院。絕對不可以試圖將骨折處自行復位。

使用板材或紙箱當作擔架

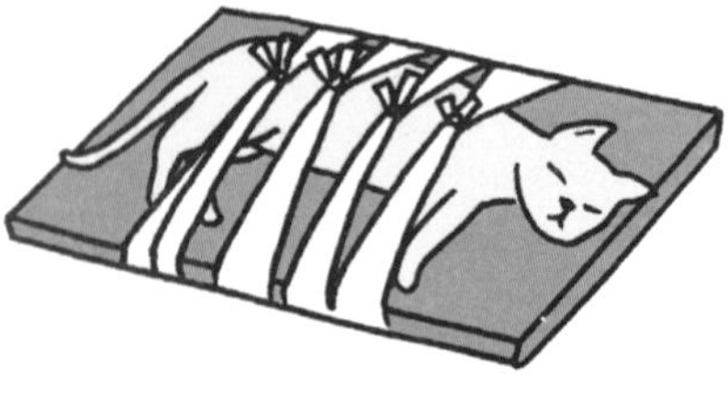

在骨折時，需要儘量避免移動患部。如果使用外出籠，可能需要彎曲腿部才能放入，所以最好使用板材或紙箱當作擔架來運送。可用毛巾或繃帶將板材與貓咪的身體一同包紮固定。特別是使用易滑的紙箱時，更需要固定。即使貓咪失去意識，也應儘量避免移動，小心運送。

燒傷

冷卻處理對於燒傷非常重要。即使在搬送至動物醫院的途中，也應在外出籠內持續冷卻患部。（※中文編注：人類如遇燒傷，應先大量沖冷水。）

小範圍・輕度燒傷

↓

冰敷

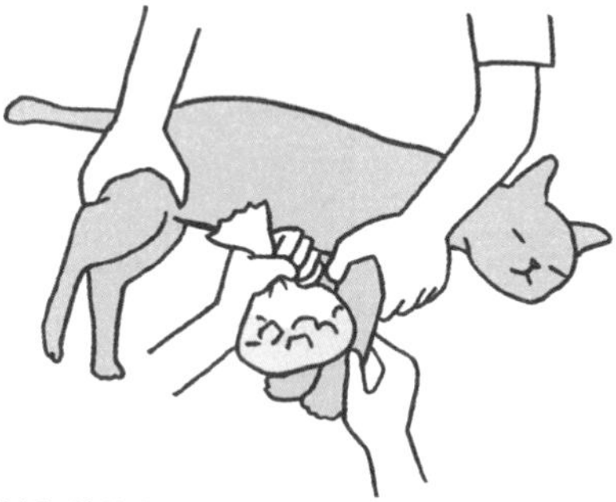

（必要物品）
保冷劑、冰枕、冰敷袋等

先將患部沾附的髒汙如砂石沖洗乾淨，然後用保冷劑、冰枕或冰敷袋等冰敷患部。建議冰敷時間為15至30分鐘。在搬運至動物醫院的過程中最好持續冷卻。

（必要物品）
保鮮膜、膠帶、毛巾、保冷劑、冰枕、冰敷袋等

大範圍・重度燒傷

↓

用保鮮膜覆蓋後冰敷

沖洗患部的髒汙後，用保鮮膜覆蓋傷口並以膠帶等固定，這種方法稱為「濕潤療法」，可以防止傷口曝露或乾燥，促進傷口愈合。為減輕疼痛，可在保鮮膜上覆蓋冷毛巾或直接放置保冷劑等冷卻物。傷口應每日清洗並更換新的保鮮膜。

燒傷不宜使用消毒藥水或軟膏

儘管常見的消毒藥水或軟膏能殺死細菌，但也可能損害正試圖癒合的細胞。因此，僅用水清洗傷口即可。如果手邊有，可於傷口或保鮮膜上塗抹凡士林，達到保護傷口和鎮痛的效果。
由於貓咪的身體被毛髮覆蓋，可能較難發現燒燙傷，需特別注意。

燒傷的嚴重程度

I度	僅表皮受損，外觀皮膚呈紅色。
II度	達到真皮層，伴有疼痛和水泡。
III度	損傷至皮下組織。因燒傷較深，可能失去感覺，不再有痛感。
IV度	損傷更深的部位，如骨骼或肌肉等。

中暑

夏天時即使待在室內，貓咪也有可能中暑。必須迅速讓其降溫，同時應注意改善脫水狀況（見左頁）。

中暑

↓

冰敷

當貓咪被關在炎熱的場所時，可能會導致中暑，甚至危及性命。最重要的是迅速降溫。可將保冷劑、冰枕或冰敷袋等放在後頭部、頸部或腋下等血管密集的部位，持續冷卻直到體溫降至39℃以下，喘息等呼吸急促症狀緩解。中暑可能導致腦部及內臟損傷，必須立即送往動物醫院。在搬運過程中，也應持續冷卻。

（必要物品）
保冷劑、冰枕、冰敷袋等

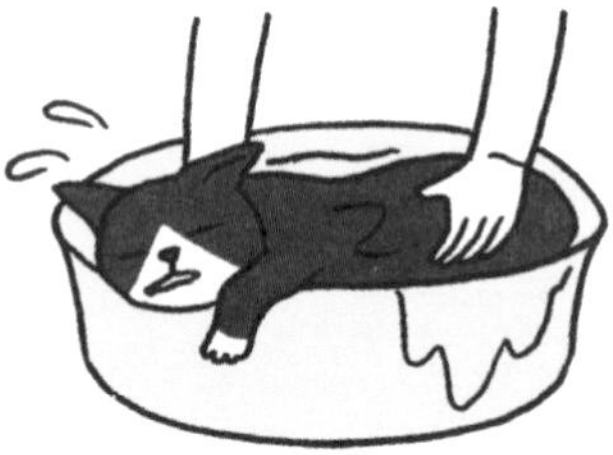

可將貓咪放入裝了水的盆子中，或用蓮蓬頭沖水。若貓咪掙扎，可先將其裝入洗衣袋中再進行。

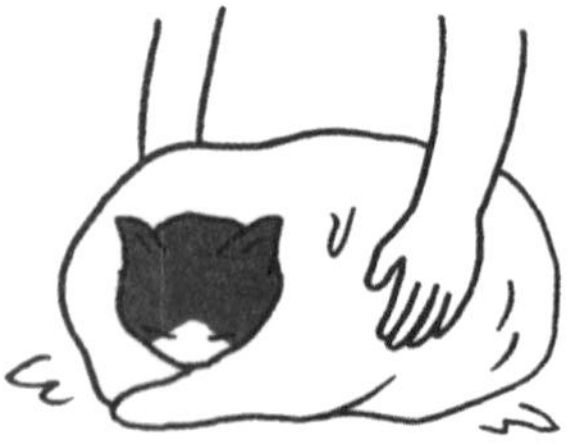

也可以用浸濕的毛巾包裹全身來降溫。濕毛巾很快就會變暖，因此需要經常更換。

中暑的嚴重程度

重度 ←→ 輕度

- 抽搐
- 意識模糊
- 張口呼吸
- 嘔吐、腹瀉
- 脫水症狀
- 食欲不振
- 行動遲緩

在避難生活中，由於無法使用電力，夏天尤其容易發生中暑。特別是年長、肥胖或有慢性病的貓咪更容易中暑，重度中暑的死亡率可達50%。不妨備妥急速冷卻包來應急。

➡ P.94 抗暑措施

脫水

不僅有中暑會導致脫水，感冒、嘔吐、腹瀉時也會出現脫水症狀。

脫水

↓

給予口服電解質液

將運動飲料稀釋兩倍後讓貓咪飲用，若沒有，則按下列方法製作口服電解質液讓貓咪喝。使用注射器或滴管從犬齒後方的間隙處注入。不要一次給予過多，訣竅在於少量多次給予。特別是在嘔吐時，如果一次飲用過多，可能導致再次嘔吐。如出現嚴重脫水如張口呼吸等情況，則需施打點滴等，應儘速前往動物醫院。

（必要物品）
運動飲料、水、鹽、糖、注射器或滴管

**依體重每1kg
給予10cc以上**

MEMO

如何製作口服電解質液

將2大匙砂糖（約20g）、1/4小匙鹽（約1.5g）溶於1公升水中，即可製成貓用口服電解質液。可常溫飲用，但若無法冷藏保存，就用多少做多少。因電解質液容易腐壞，即使有冰箱可冷藏，保存也以一天為限。

脫水症狀的辨識方法

請捏起頸部後方的皮膚然後放開。健康的貓咪皮膚有彈性，大約在一秒內會恢復原狀，但脫水時皮膚彈性消失，恢復變慢（有個體差異）。若牙齦黏黏的或乾燥，也可能是脫水的徵兆。

失溫

除了寒冷，疾病或傷害也可能導致失溫。對貓咪來說，體溫37℃已屬於體溫過低。

失溫

↓

從遠離心臟的地方開始回溫

被長時間留在寒冷的地方會導致失溫。這與雪山遇難相似，由於從心臟開始急速回溫會對身體造成負擔，因此從心臟較遠的部位慢慢回溫非常重要。可以將貓咪放入裝有熱水袋或暖暖包的紙箱中，並將保溫用品放在腳尖、臀部或臉部等處。為了防止熱空氣流失，可在箱子上蓋上毛巾或毯子。若體溫過低是因疾病或傷害等內因引起，應同時進行相關治療（如止血）。

（必要物品）
熱水袋、暖暖包、寵物保暖毯、紙箱、毛巾等

P.94 防寒措施

使用電熱式寵物保暖毯時，應先將貓咪的身體以毛巾或毯子再放上，間接進行回溫。請勿試圖以按摩的方式來摩擦回溫。應保持安靜。

使用吹風機回溫很危險

吹風機會急速加熱而對身體造成負擔，基本上應避免使用。但如果貓咪全身濕透，那就最好以吹風機快速吹乾。

失溫的嚴重程度

重度 ←→ 輕度

重度		輕度
呼吸困難	肌肉僵硬	全身顫抖
昏睡	呼吸淺且緩慢	呼吸急促
	心律不整	失去血色

呼吸停止……

如果發現貓咪無法自行呼吸，應進行從貓咪鼻子吹入氣息的「口對鼻」人工呼吸。

呼吸停止 → **人工呼吸**

呼吸停止後越快開始進行人工呼吸，越能提高存活率。如有超過兩人在場，一人進行人工呼吸時，另一人可以聯繫動物醫院。在送往醫院的途中，應儘可能持續進行急救。眼部微微抖動等可能是意識或恢復自行呼吸的跡象，但呼吸也可能再次停止，因此必須一直在旁觀察。

1 暢通呼吸道

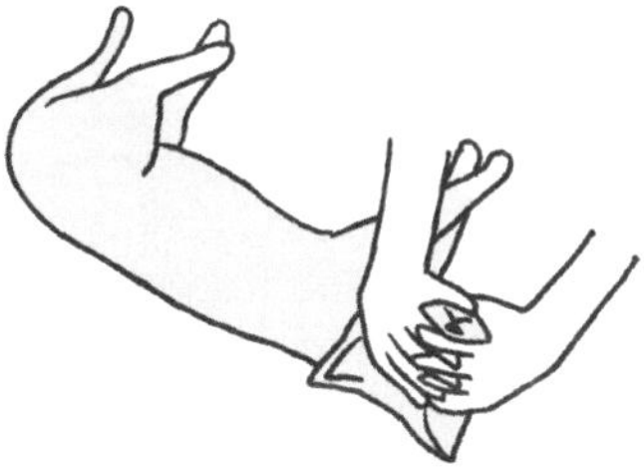

將貓的身體朝右側臥下，心臟位於左側的上方，並保持頸部伸直以確保呼吸道暢通。檢查口內是否有異物，以及舌頭是否捲入喉嚨深處。為了防止空氣漏出，以雙手壓住口部兩側，如圖所示。

如果舌頭被捲到喉嚨深處

打開貓咪的嘴巴，將舌頭向前拉出來。如果舌頭太滑很難抓，可以用布來抓。如果有異物或者吐出的物品堵住，就用手指捏住取出。

2 以口覆蓋貓咪的鼻子

以嘴巴完全覆蓋住貓咪的口鼻。

3 吹氣

向貓咪的鼻子慢慢吹氣，直到看到胸部膨脹。快速吹氣可能導致空氣進入胃部，因此要緩慢吹入。吹完後先移開嘴，確認吹入的空氣能夠排出，胸部收縮。

以每分鐘10到15次的頻率吹氣（每4到6秒吹一次）

4 持續直到恢復自行呼吸

每15秒檢查一次心跳，同時持續進行人工呼吸。眼部開始微微抖動可能是恢復自行呼吸的跡象。這時應先暫停人工呼吸並加以觀察。

【心肺停止】

……（在心肺停止的情況下，必須交替進行心臟按摩和人工呼吸。）

心肺停止

⬇

心臟按摩和人工呼吸

確認到心肺停止後，應施行心臟按摩和人工呼吸交替進行的「心肺復甦術」。大多數人可能沒有相關經驗，但即使無法做到完美，也應儘快開始以提高復甦的可能性，請勇敢進行。平時不應拿活貓來練習，但事先模擬有助於在需要時保持冷靜。

1 讓貓咪右側朝下躺好

讓貓咪右側朝下，心臟位在的左側朝上躺好。

⇩

2 以手指壓迫胸部

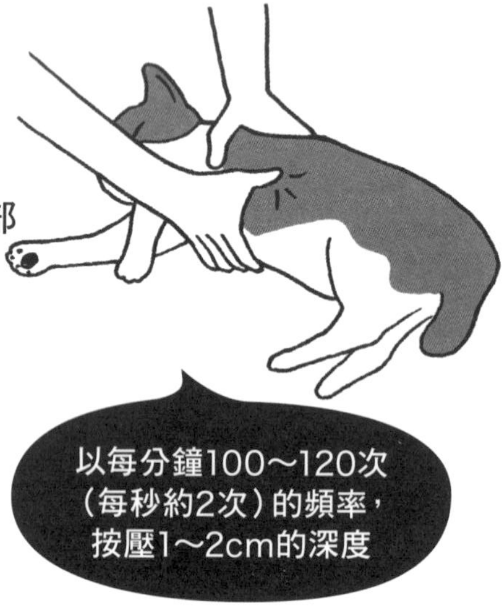
以每分鐘100～120次
（每秒約2次）的頻率，
按壓1～2cm的深度

用一隻手夾住約位於前腿根部後方的胸部。想像用手掌包住心臟，以手指有節奏地進行壓迫。

＊ 壓迫過強可能會折斷肋骨，損傷肺部等重要器官。

⇩

3 人工呼吸

每進行5～10次心臟按摩後，進行一次人工呼吸。

➡ P.75 人工呼吸

嗯嗯嗯

⇩

4 直到脈搏恢復

每分鐘檢查一次脈搏，如果脈搏未恢復，則繼續進行②和③。可將耳朵貼在胸口，或觸摸腳踝、大腿內側、腋下來檢查脈搏，如P.66所示。若持續施行15分鐘後脈搏仍未恢復，很遺憾，生還的可能性極小。

也可以由兩人進行

分別由一人進行人工呼吸，另一人進行心臟按摩。如果有第三人，可以負責計時和計數。但人工呼吸和心臟按摩不應同時做，重點在於交替進行。

第3章

如何度過避難生活

在哪裡度過避難生活？

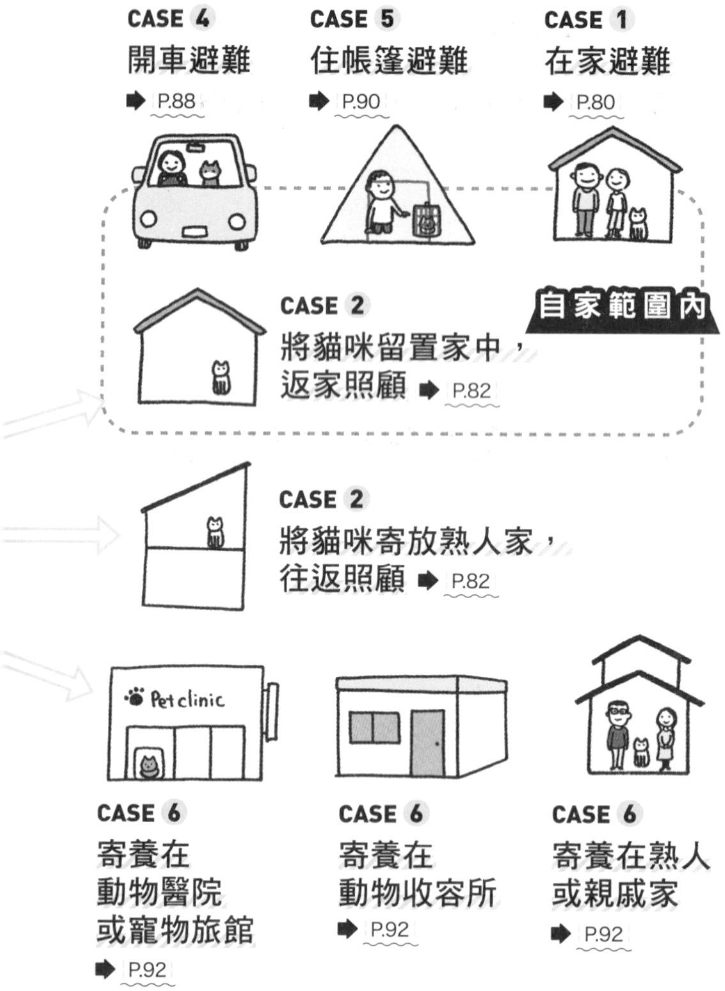

大部分人會認為避難生活就是住進收容所，但如果情況允許，能住在自己家中當然是最佳選擇。收容所中每個人的空間有限，很難維持隱私；貓咪在熟悉的家中也比較不會有壓力。如果自家因斷水斷電等情況變得難以住人，你也可以選擇將貓咪留在家中，自己到收容所過夜，每天返家照顧貓咪。要如何度過避難生活，其實有各種選項。

POINT

在收容所生活不是唯一選項。如果自家安全無虞，待在家中是最佳選擇，也能減少貓咪的壓力。

各種形式的避難生活

收容所範圍內

指的是在屋簷下，而並非在室內生活。此處有時會被指定為寵物飼養空間。問題在於可能寒冷或炎熱難耐。

雖說可以在收容所與寵物一起生活，但很難真的住在同個房間。即使能夠同住，有時也需要與狗等其他寵物共處一室。

CASE 3
在收容所照顧貓咪
➡ P.84

CASE 5
住帳篷避難
➡ P.90

CASE 4
開車避難
➡ P.88

即使想在收容所跟寵物一起生活，基本上也須將寵物安置於專門的寵物飼養空間，再每天照顧。因為可能有人會對寵物過敏，所以很難讓人寵共處一室。

同行避難≠與寵物同住

有些人可能會認為，與寵物同行避難，就等於與寵物同住收容所。同行避難指的是帶著寵物一起避難，這雖然是避難的方針，但並不代表就能在收容所與寵物共同生活。收容所中也有不喜歡動物或會過敏的人，寵物通常會與人分開安置。

CASE 1 人貓都在家避難

家中沒問題時，則在家避難

① 用水問題

自來水恢復前，從給水車等處取水

用水可從取水點或給水車取得。可用塑膠水箱或2公升寶特瓶裝水；如果沒有，也可將紙箱或水桶套上兩層大塑膠袋，裝水後再綁緊。

在因災害等因素斷水時，供應用水的災害時給水站標示（東京都）。

來源：東京都水道局網站

② 飲食問題

卡式爐非常實用！

災後初期正值混亂，可能沒有餘裕煮飯；但情況稍穩定後，就會想吃些熱騰騰的食物。有了卡式爐就可以烹飪，也能煮水。一個瓦斯罐能用約60分鐘。

如果沒有房屋倒塌的危險，且無須擔心火災等二次災害，那麼留在熟悉的家中是對人貓來說壓力最小，也是最好的選擇。在1995年的阪神・淡路大地震可得知，即使房屋略有損壞，仍有近6成的貓咪繼續被飼養在家裡。

當電力、瓦斯和自來水供應中斷時，可以採取上述方法應對。如果有瓦斯罐和儲備的飲用水，將會非常有幫助。可一邊從避難所取得救援物資，一邊生活。

POINT

如果建築物損害輕微，人貓一起留在家中避難會是最佳選擇。一邊從避難所獲取生活所需的物資和資訊吧。

③ 廁所問題

如果可以排水，就用水沖掉
無法排水時則當作垃圾處理

可以排水時

即使供水中斷，如果排水無虞，就能用一桶水沖掉排泄物。使用前應確認排水管有無破損。洗碗等用過的水也可以二次利用。

無法排水時

在馬桶裡鋪上塑膠袋，並放入捲起的報紙等吸收水分。使用後綁緊塑膠袋，將排泄物丟棄。也可以用紙箱或水桶當作臨時馬桶。

也能用！
貓砂和寵物尿布墊

無法使用抽水馬桶時，貓砂和寵物尿布墊也可以用於處理人類的排泄物。也可用其代替報紙，有助於防止惡臭。災害時期，靈活應用非常重要。

＊請依照地方政府的指示處理排泄物垃圾。如果能用密封容器或防臭袋保存到收垃圾前，會比較方便。

務必去避難所登記

即使在家中避難，也需要從收容所獲得救援物資和資訊。因此，應儘早在最近的收容所登記為避難者。與收容所不同，資訊不會自動傳遞，應主動前往收容所蒐集。也不要錯過由獸醫師公會等發起的巡診。為了貓咪著想，積極與周遭建立關係吧。

④ 垃圾問題

收垃圾的地方
可能會跟平常不一樣

注意：平日的垃圾清運可能會暫停。向避難所或政府機關詢問相關資訊，按照政府指定的地點集中處理垃圾。若隨意放置垃圾於非指定地點，可能會無人清運而引起惡臭，進而導致更多人在該地點棄置垃圾，形成惡性循環。

CASE 2

將貓咪留置家中，返家照顧

人去收容所，貓咪在家

　即使家中可能遇上斷水斷電等問題，如果房屋僅有輕微受損，將貓咪留在家中並定期回家照料，對貓咪來說會是較無壓力的選擇。這需要你每天回家進行餵食和清理等照顧工作。考慮到有些收容所不允許攜帶寵物，有時候你可能不得不這麼做。

　如果難以在自家執行，也可以考慮將貓咪寄放在受損較少的親友家或其他貓友的家中。

POINT

飼主可以選擇在收容所過夜，而將貓留在家中，每天回去照料貓咪。

留貓在家時的注意事項

清理多餘的雜物

地震後後房間可能會一團亂，導致難以尋找貓咪。最好清理受損較少的房間，將其打造成貓咪的居所。

務必做好防逃措施

如果窗戶或牆壁有損壞，可以用木板、紙箱或膠帶暫時修補。否則貓咪逃走就糟了。如果損壞嚴重難以修補，則應將貓咪放入籠中。

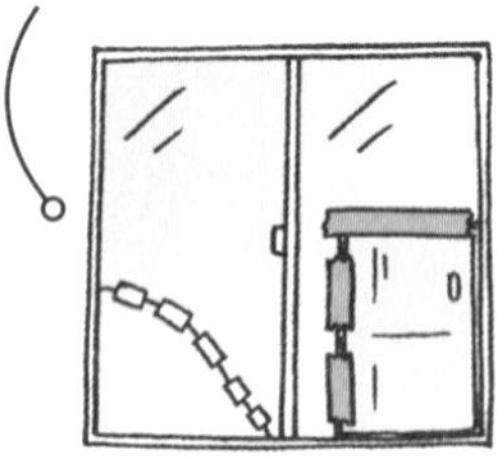

提供貓咪藏身之處

避難期間可能會發生餘震等。如果有平時用的外出籠等封閉空間，貓咪就能在害怕時藏身。也要留意房間內是否有可能倒塌的家具。

帶上必要的物資

需要帶上貓食和飲用水等物資。如果家中已有存貨最好，若無，則需要提前準備好，以便返家照顧貓咪。

如何將貓咪寄放在親友家

如果可以，與其他寵物分房住

出於預防感染和減輕壓力的考量，最好讓貓咪和其他寵物分房住。如果不得不共處一室，可以在籠子蓋上布，讓貓咪看不到其他寵物。

注意開關門以防脫逃

為避免貓咪意外逃到其他房間或戶外，應確保籠門上鎖，並小心開關門。

將貓咪放入籠中

為了避免損壞親友家的牆壁等，應將貓咪飼養於籠內。每日清理，並特別留意清潔和異味。

對屋主充分表達謝意

雖然互助是在困難時互相扶持的原則，但不能只是一味地佔人便宜。每次見面都要問候和致謝，並留意是否有造成任何困擾，或有什麼可以互相幫忙的地方。

不只關心自己的寵物，也要關心其他寵物

也要記得關心屋主或其他飼主的寵物。可以像收容所中的「飼主社群」（參考P.87）那樣彼此幫忙。

社區居民有可能進不了收容所？

收容所的容量可能無法容納所有災民。因此，居住於結構較堅固（如鋼筋混凝土建築）大樓的居民，可能會被要求留在家中避難。耐震性、耐火性較差的木造房屋可能沒有其他選擇，但大樓居民如房屋未受損，即使家中一團亂或被斷水斷電，有時仍須在家避難。應為此做好萬全準備。某些地方政府也以在家避難為基本方針。

CASE 3

如何讓貓咪被收容所接納

人貓都去收容所

① 確認收容所是否可接受寵物

東京都澀谷區等地方政府，已推出所有收容所都能攜帶寵物的政策；但也有許多避難所因營運方針不接受寵物，或從未考慮過能否接受寵物的問題。遭遇災害時，這些地方可能會在混亂中匆忙決定是否接受寵物。為了避免緊急時刻手忙腳亂，最好提前了解所在地區的收容政策。如果沒有明確政策，不妨以飼主身分提出考量，或許能成為討論的契機。

收容所是否有接受寵物的政策

（2016年熊本地震，以某地方政府為例）

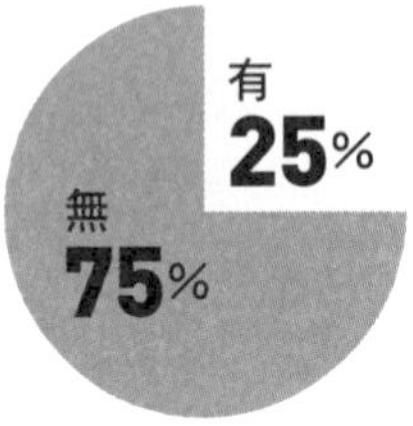

許多收容所並未事先決定是否接受寵物。

＊來自環境省「熊本地震之中受災動物應對紀錄集」

主張以「與寵物同行避難」為原則是否有效？

雖然（日本）已發布與寵物同行避難的守則，但這並非法律，沒有強制力。許多收容所負責單位也可能不知道這一點，向他們說明該指引也是一個辦法。在熊本地震中，經熊本市災害對策本部向各收容所說明後，有些地方便改為允許寵物。

即使飼主想帶貓咪到收容所生活，如果該收容所不允許寵物，就無法帶貓進入。許多收容所並未事先決定是否接受寵物，加上災害時的混亂，往往會在匆促中下決定。有時由於飼主不守規矩，可能會導致收容所決定「還是不要接受寵物好了」。從這個角度來看，是否能在收容所與寵物一起生活，很大程度上取決於飼主的行為。無論如何，最好與收容所負責人冷靜進行討論。

POINT

要讓以人為優先的收容所接受寵物，飼主的禮儀必不可少。

② 可能因不守規矩而導致寵物不被接受

原本收容所允許攜帶寵物，但因飼主不守規矩引起周遭反感，最終導致「不再接受寵物」的遺憾情況確實存在。例如，有飼主在收容所內不繫牽繩任意放開狗兒，最後不只是當事飼主，甚至連同其他飼主也被要求全數離開收容所。不守規矩不僅影響自身權益，也可能給其他飼主帶來極大困擾。收容所本是以人為優先，也會有對寵物過敏或害怕動物的人，應當謹記這點並謹慎行事。

寵物飼主不守規矩的實例

即使已規定寵物應留在特定飼養區域，仍有將寵物帶入一般區域、未清理排泄物，或在嬰幼兒的附近遛狗等案例。飼主之間應建立「飼主社群」（參考P.87）等，相互提醒注意。

之所以不希望收容所接受寵物的理由

＊出自內閣府「平成28年度收容所內災民支援實例等報告書」

1 異味 …… 79.9%
2 噪音（含鳴叫聲）…… 77.6%
3 對寵物過敏 …… 56.7%
4 害怕動物 …… 23.9%

災民不是來當「客人」的

不能覺得「只要到收容所，政府就會處理所有事情」。在災後，政府人員和收容所負責單位也在努力開設和經營收容所，不可帶著作客心態，而是應在能力範圍內協助接待和炊煮等工作。在收容內進入他人空間、偷看、大聲喧嘩等都是不守規矩的行為。對於須特別照顧者（如老年人、孕婦、兒童、外國人等）也需展現關懷。

CASE 3

在收容所照顧貓咪的訣竅

人貓都去收容所

如何打造貓咪飼養空間

「請勿觸摸」的告示

如果孩子試圖摸貓導致咬傷事故，後果將很嚴重。應製作讓孩子也能輕易理解的告示。

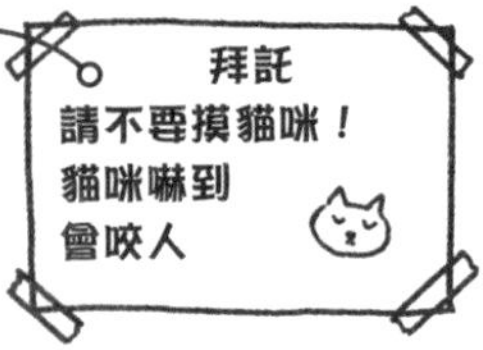

放置熟悉的貓床或毛巾增加安全感

在陌生的地方，帶有自己氣味的物品可以讓貓咪感到安心。

明確標示貓咪和飼主的資訊

為了能在貓咪發生問題時讓別人迅速聯繫到自己，應於籠子貼上有飼主姓名、所在房間等資訊的便條。

儘量讓貓咪遠離其他寵物

見到不熟悉的動物可能會感到恐懼並威嚇。儘量讓籠子間保持距離，如果無法，也要將籠子放在不會進入視線的角度。

用布或紙板覆蓋住籠子

在不熟悉的環境中，創造一個「封閉空間」可以幫助貓咪放鬆。特別是一開始的時候，最好把籠子整個罩住。

在收容所時，應將貓咪飼養於籠中。雖然在不熟悉的地方與其他寵物共處難免有壓力，但應儘量透過用布覆蓋籠子等方式，花心思減輕貓咪的壓力。

喜歡動物的孩子可能會想摸貓，但處於緊張狀態的貓咪萬一傷到人就糟了。即使對方提出要求也應婉拒，並最好在籠子旁貼上「請勿觸摸」的告示，確保自己不在時也不會有人伸手。

POINT

需要花心思減輕貓咪的壓力。飼主之間應互相協助，並留意掉毛和異味問題。

留意氣味與掉毛

正如P.85所述，寵物的異味是收容所中最讓人厭惡的因素之一。會自行理毛的貓咪雖然沒什麼體味，但也應留意要儘快清理其排泄物、將報紙放入處理袋中吸收異味等。由於皮屑和掉毛可能引起過敏，最好幫貓咪定期梳毛或使用寵物乾洗劑進行清洗。梳毛時貓毛會四處飛散，須選擇合適的地點進行。在打理貓咪時，不要忘記採取防逃措施，例如穿戴胸背帶。

建立「飼主社群」會很有幫助

飼主團結一致也很重要。事先選出代表，有助於與收容所負責人順暢溝通。也更易於傳遞寵物救援物資、獸醫師公會巡診等資訊。由於飼主有時可能需要離開收容所整理家園，這段時間內便可以互相協助餵食等照顧工作。也不妨共同分擔飼養場所的清潔工作等。

在收容所中也要注意防範犯罪

不幸的是，在災害時收容所可能發生盜竊、詐騙、性暴力等犯罪。為了避免受害，應將貴重物品隨身攜帶，夜間避免外出或前往人少的地方，白天也儘量多人一起行動。女性可採取用帽子遮掩長髮等防範對策，使外人不易識別。有效的防範措施還包括攜帶防身警報器或哨子、在天黑後不要單獨去廁所等。可能也會遇到自稱公共機關或志工的詐騙，如感到可疑應向警方諮詢。

CASE 4 人貓一起車泊

在自家車上與貓咪車泊

如何在車上飼養貓咪

準備睡床和廁所

應在籠子內備妥睡床、廁所和水碗。用布或紙板覆蓋籠子周圍，可以讓貓咪感到安心。

務必做好防逃措施

為防止貓咪在有人進出時逃跑，應將貓咪飼養於車內的籠子裡。光只有穿上胸背帶是不夠的，還可能導致貓咪在車內活動時被勒住脖子的危險。

將貓咪留置車內可能導致中暑危險

尤其在夏天，車內關掉空調後的溫度可能超過50℃，且在關閉空調後5分鐘內就會達到警戒溫度。即使在最高溫約23℃的日子，車內溫度也可能迅速升高，有中暑的危險。

由於在收容所中很難與寵物同住一室，因此許多飼主會選擇車泊。這樣做的好處包括：能保有一定程度的隱私，只要有汽油，就能使用電力和空調；和收容所相比，貓咪較不會有壓力。車輛可以停放於收容所範圍內，或其他允許停車的空曠處等。車泊時如有鋁箔隔熱墊或睡袋會更方便。平時也可以和家庭成員一起練習車泊，這樣更容易想到需要準備的物品。

POINT

如果住在車上，就能和貓咪一起生活。但需特別注意經濟艙症候群和中暑的風險。

《 車泊訣竅 》

① 注意停車位置

避免停在斜坡上或人煙稀少的地方。如果不得不在斜坡上停車，別忘了拉緊手煞車並使用輪擋。

② 睡覺時將座椅調平

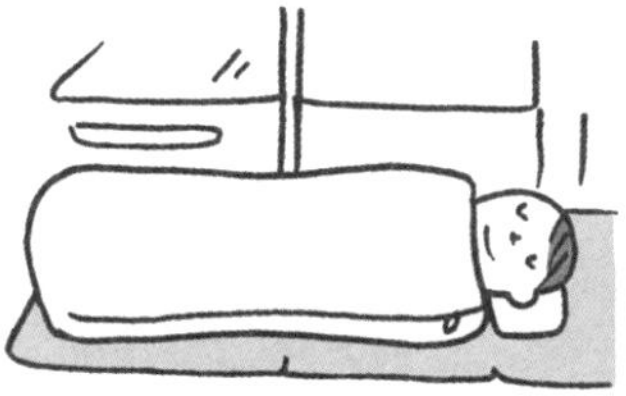

將座椅向後放平，並鋪上浴巾或衣物來填補凸凹不平的地方。坐著睡覺可能會增加罹患經濟艙症候群的風險。

③ 不要長時間開著引擎

怠速開空調睡覺可能導致排氣管的廢氣進入車內，有一氧化碳中毒的危險。寒冷時，應添加衣物來保暖。

④ 使用鋁箔隔熱墊等進行遮擋

保護隱私的同時，也可對抗寒冷或酷熱。若想讓空氣對流，安裝車用紗窗是個不錯的選擇。

⚠ 注意預防經濟艙症候群

在過去的災害中，許多車泊避難的人患上經濟艙症候群，甚至有人不幸失去性命。原因在於長時間維持相同姿勢，沒有活動腿部。這會導致血液循環不良，在下肢靜脈形成血栓。當血管堵塞，就可能造成呼吸困難或心肺停止。特別是年長者或中高齡婦女更容易受影響，車泊時直接坐著睡覺也可能導致，須多加注意。應避免長時間保持坐姿，定期補充水分。進行腿部按摩或伸展運動也是有效的措施。

CASE 5

與貓咪在帳篷中度日

人貓一起住帳篷

帳篷生活的訣竅

配備外帳和地布來防雨

單靠帳篷本身無法防雨或擋露水。覆蓋於帳篷上方的外帳和鋪於帳篷底下的地布是必備用品。

務必做好防逃措施

即使是全封閉式帳篷，貓咪也有可能弄破布料逃跑。可將繫在胸背帶上的繩子綁在某處，或將貓咪養在籠子裡。

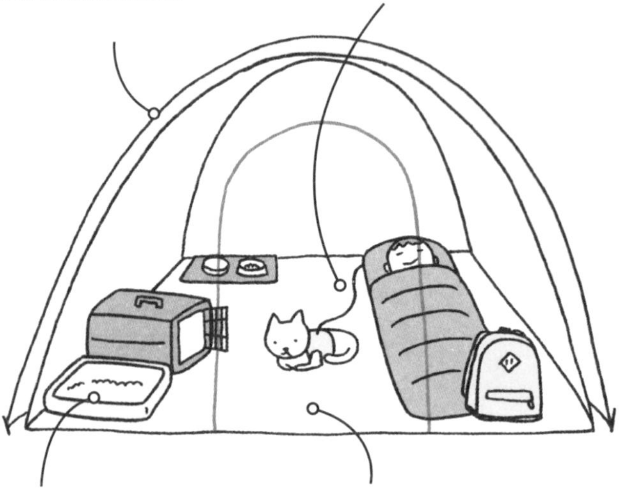

準備睡床和廁所

有個四周被圍住的地方，例如外出籠，能讓貓咪感到安心。用紙箱做的小屋也可以。

全封閉式帳篷可防止脫逃

可以完全用拉鍊封閉的帳篷能在一定程度上防止貓逃逸。然而，全部封閉也可能導致夏季內部過熱。

在帳篷生活就能和貓咪共享空間，並在一定程度上保有隱私。由於可以伸展腿部睡覺，不必擔心經濟艙症候群。缺點是容易受天氣冷暖影響，跳蚤或壁虱等寄生蟲叮咬的風險也較高。最好定期幫貓咪點驅蟲藥。即使在體育館等地避難生活，也可在室內搭建帳篷創造私人空間。不妨準備一頂新手也能輕易搭起的帳篷，可在災害發生時派上用場。

POINT

帳篷等戶外用品在災害時能發揮極大作用。平時也可以用，事先備妥有益無害。

《 帳篷的應用技巧 》

帳篷在室內也能發揮作用

在體育館等地方搭帳篷可以維持隱私空間，更換衣物等也更為方便。

天幕與帳篷結合車輛使用

在天幕底下用餐，睡覺時則在車內，這樣結合使用可以擴大行動範圍。

戶外用品能在災害時大顯身手！

提燈

停電時有光源可以大大增加安心感。考慮安全性，電池式提燈是最佳選擇。也可將塑膠袋套在手電筒上，使光線擴散，作為臨時提燈使用。

睡袋

如果有能容納多人的睡袋，可以與家人或貓咪一起進去取暖。

保冰桶

災害發生後，可將冰箱內的物品轉移到保冰桶中。附輪的保冰桶便於搬運，非常適合運輸水和食物。

頭燈

和手電筒相比，可以解放雙手的頭燈更加方便。也有助於夜間避難或進行作業。選擇具備防水功能、能廣角照射的電池式頭燈為佳。

CASE 6

將貓咪寄養

無法照顧貓咪的情況下

① 寄養在動物醫院或寵物旅館

如果能將貓咪寄養在習慣的動物醫院或常去的寵物旅館，相較於收容所，可以顯著減少貓咪的壓力。如果貓咪有健康問題，也能立即獲得治療，會比較放心。當然，這會產生一定的住院或治療費用。未施打疫苗的貓咪可能會被拒收。

➡ P.40 預防萬一的健康管理

《 條件 》

已接種疫苗

已進行驅蟲

如有慢性病相關紀錄會更方便

➡ P.20 愛貓的健康手冊

《 費用參考 》

【動物醫院】

每晚 **300** 元至 **500** 元

※中文編注：參考各直轄市動物醫院診療費用標準。

【寵物旅館】

每晚 **300** 元至 **1,000** 元⁺

＊部分寵物旅館提供長期住宿優惠。

若能將貓咪寄養在值得信賴的動物醫院，與收容所相比，比較不會造成貓咪的壓力。如果貓咪身體不適，也能立即獲得治療，這是一大優點。然而，在災害發生時，動物醫院和寵物旅館有可能很快就滿房。

如果避難生活時間拉長，最好還是找到能寄養貓咪的遠方親友。為了預防萬一，最好在平時就找好可寄養貓咪的地方，並事先做好約定。有養貓經驗的親友會是更佳選擇。

POINT

遇到萬一時，最好確保有親友能夠讓你寄養貓咪。最理想的是找有養貓經驗的人。

② 寄養在熟人或親戚家

如果避難生活時間拉長，最好還是在恢復正常生活前將貓咪暫時寄養在熟人或親戚家，會比較安心。建議平時就先與親友約定好。在習慣新環境前，先讓貓咪待在籠中，對方也比較方便照顧。務必將貓咪的飼養方式說明清楚，例如該餵什麼食物等，並由飼主負責相關費用。沒有養貓經驗的人有可能在未注意的情況下讓貓咪逃跑，也要告知防逃措施。

③ 寄養在動物收容所

寵物災對協

日本的寵物災害對策推進協會在災害時會提供寵物救助支援。

由地方政府或獸醫師公會運營的動物災害救援指揮部會提供寵物救助和保護。如果所在收容所不允許攜帶寵物，將貓咪寄養在這些地方也是選項之一。例如，在2011年東日本大震災後，有的設施在災後17天開始接收動物。此外，一些民間NPO或志工團體也會提供寄養服務。無論何種情況，都應確認寄養的條件、期限和費用，並簽妥相關協議。

如災後重建生活遙遙無期，尋找新飼主也是一個選項

理想情況下，就算暫時將貓咪寄養在他處，飼主也還是希望能重建生活，再次和貓咪團聚。但若是重建生活遙遙無期，可能還得寄養好幾年，下定決心為貓咪尋找新飼主也是一個選項。自行尋找新飼主時，應確保對方是可靠的人，能夠負起責任照顧貓咪一生。注意：有可能會出現裝好心的詐騙，不應輕易將貓咪交出。若選擇透過動物救援機構尋找新飼主，則需提交放棄所有權的文件。

防寒措施・抗暑措施

貓咪的防寒措施

一次性暖暖包可保溫10小時以上

無電可用時，暖暖包是非常好用的東西。為避免貓咪誤食暖暖包內的原料，請放入袋子中再使用。每半天更換一次新的暖暖包。

讓關係好的貓咪一起取暖

如果是多貓飼養，可將關係好的貓咪放進同一個籠子，有助於抵抗寒冷。

用箱中箱抵禦寒氣

將兩個紙箱交疊在一起可以提高防寒效果。在箱子內鋪上毛毯或毛巾。

在地板上鋪設隔熱墊或紙箱、保麗龍箱

可以鋪設鋁箔隔熱墊、紙箱或保麗龍箱來抵禦地面的寒氣。由於接近地面的空間容易積聚寒氣，也可將籠子放在桌子上或稍高的地方。

➡ P.74 失溫的緊急處置

利用寶特瓶製作簡易熱水袋

用卡式爐將水煮沸，倒入寶特瓶後以用毛巾包裹，就成了簡易熱水袋。由於熱水可能導致讓寶特瓶變形，建議以1:1混合熱水與冷水，將水溫調整到約60℃再倒。

在沒電、沒瓦斯可用的情況下，需要費心準備防寒．抗暑措施。對人來說已經很難忍受，對困在籠中無法自由活動的貓咪來說，更需要進一步的措施。特別是在夏天，中暑可能危及生命。如果觀察到貓咪出現張口喘氣等症狀，應立即送往動物醫院。高齡貓、有慢性病或肥胖的貓咪中暑風險更高。為了應對緊急情況，應備妥暖暖包、熱水袋和急速冷卻包，這些是對人貓都有用的便利物品。

POINT

在沒電、沒瓦斯的情況下，得靠暖暖包等用品和細心的照顧來抵禦寒冷或酷熱。

貓咪的抗暑措施

在頸部放置保冷劑

有保冷劑的話，可將其包裹在布中，繞在有較粗血管的頸部，能有效降低體溫。也可繞上沾濕降溫後的毛巾。注意勿讓貓咪吃到保冷劑的內容物，以免中毒。此外，也要注意別冷卻過度。

一拍即冷的急速冷卻包

透過拍打使內部成分發生化學變化而冷卻的用品。雖然保冷時間最長只有約100分鐘，但在無電可用的情況下，這是珍貴的冷卻用品。

➡ P.72 中暑的緊急處置

在籠子上方放置保冷劑

冷氣是由上向下流動，在籠子上方放置保冷劑或冷卻劑會很有效。

籠底放涼墊

在籠內放置鋁製的冰涼墊等。和冬天不同，將籠子放在地板上會更涼快。也不要忘了準備飲用水。

⚠ 夏季剪毛會造成反效果

貓咪在天氣熱時，會舔舐身體並透過蒸發熱來降低體溫。如果覺得貓咪好像很熱就將貓毛剃光，可能會使得貓咪無法好好理毛，產生反效果。皮膚暴露後也更容易被蚊蟲叮咬。如果是長毛貓，剃短一半至不露出皮膚的程度則OK。

人類的抗暑措施

在西日本豪雨（2018年）的災區，有超過百人因疑似中暑而被緊急送醫，與嚴苛氣候的抗爭成為一大課題。不同於寒意可以透過添加衣物來消除，沒有空調的情況下要消暑則相當困難。除了準備急速冷卻包外，也可以用濕毛巾擦拭身體、在口渴前補充水分，攝取口服電解質液等也很重要。中暑會引起頭痛、嘔吐感、手腳發麻等症狀。

➡ P.73 如何製作口服電解質液

貓咪走失了怎麼辦

① 搜索家裡附近每一個角落

養在室內的貓咪從家中逃出後，大多數會因為不習慣外界環境，而躲藏在家裡附近的地方。這些貓咪往往會靜靜蜷縮著不發出聲音，所以要仔細搜查如室外機周圍、濃密的灌木叢等地點。可將貓咪熟悉的外出籠或籠子放置在外，貓有可能自己跑進去。

② 向相關機構詢問並登記

- 派出所
- 動物保護園區
- 收容所
- 地方政府動保處

貓咪可能已被人拾獲後送往相關機構，可向相關機構詢問並登記遺失協尋。當地的災後動物救援單位或其他收容所也可能收容走失動物。雖然這些機構在災後初期可能亦處於混亂，但隨著體制逐步恢復，應及時與它們聯繫。

地震搖動時，貓咪可能自行開窗逃走、在同行避難途中因外出籠損壞而逃逸，或從避難所的籠子中逃出。在災害期間寵物走失的情況很常見，為了尋回寵物，務必儘早開始搜索。平時，收容所中的動物經過一定時間找不到飼主後，可能會被安樂死。但在災區，考量到這些身份不明的動物可能有飼主，收容期限則會被延長。

POINT

發生災害時，許多貓咪會從受損的房屋中逃出，導致走失。需要儘早展開搜尋。

③ 用貓咪協尋傳單徵集資訊

光靠自己的力量尋找有限。製作協尋貓咪的傳單，廣泛徵集資訊吧。災後混亂時期要製作有照片的傳單不容易，最好提前製作好並放入緊急避難包中。除了取得許可張貼在貓咪走失的地點附近，也可以張貼於鄰近動物醫院或避難所的公告處。同時應利用可發布貓咪協尋資訊的網站和社群。

特徵清晰的彩色照片

必須提供可看出貓咪臉部、花紋、尾巴的長度和形狀、項圈顏色等特徵的彩色照片。如果一張照片看不出所有特徵，則放入數張。黑白照片或傳單上的照片難以傳達特徵，且會降低注意力。

貓咪協尋
在〇〇區走失
如有提供情報並拾獲者
願以獎金酬謝
五十嵐 090-00×0-××00

記載走失地點

特別是從家裡逃出的貓咪，通常不會跑遠。因此必須載明地點資訊。貓咪的名字或年齡對搜尋來說並不重要，應以其他資訊為優先。

務必載明電話號碼

也有人不習慣使用電子郵件，因此必須留下電話號碼。

找到貓咪後的捕捉方法

在不熟悉的室外環境中，貓咪會感到驚恐，大聲接近會使其逃跑。應以溫柔的聲音呼喚，並嘗試拿出貓咪喜歡的零食。當接近到可觸摸的距離時，抱住貓咪並裝入外出籠。若能將貓咪裝入洗衣袋中防止逃走更佳。若貓咪因警戒而逃跑，就每天在同一地點、同一時間放置食物，貓咪應會再次出現在該地點。如果未出現，也可將食物留在那裡。但不要長時間留置，過一段時間後再清走。這樣做可以大幅提高貓咪在特定時間現身的機率。

生活重建的藍圖

約2週後 ← 避難生活期 災害發生

在收容所等地生活的同時，
開始著手生活重建工作

- **整理家園**
- **生活重建諮詢**

原則上，短期收容所的設置期間以7天為限。我們需要儘快恢復自立生活的手段。如果不知道從何著手，可諮詢相關窗口。

向志工團體請求協助

當你在收容所生活中遇到困難，或需要有人協助整理家園時，可向災害志工團體尋求協助。即使不知道該如何請求協助，也能透過對話整理出頭緒。

我們不能永遠被災害的衝擊所困。這是為了儘快恢復日常生活，也是為了貓咪好。即使必須生活在收容所等地，也應開始整理家園，邁向生活重建的道路。如果貓咪暫時養在收容所，返家時拜託其他飼主幫忙留意會比較安心。

災害發生之後，地方公所等機關會設立生活重建諮詢窗口。某些情況下，你也可以透過免付費專線進行諮詢。

POINT

我們不可能永遠過著避難生活。尋求志工的幫助，儘快重建生活吧。

正式復興期 | 6個月後 | 復興啟動期

- 重建自有住宅
- 購買新的自有住宅
- 搬入租賃住宅

《難以自行重建
或取得住宅的人》

- 搬入災害公營住宅

《在臨時住宅等地生活的同時，
積極進行生活重建》

➡ P.100　在臨時住宅中與貓咪一起生活

多數災害公營住宅不允許飼養寵物

災害公營住宅是指在災害後，地方公共團體在國家補助下提供的價格合理的住宅，提供給因災害失去住家、無法自行取得住所的災民。基本上，公營住宅不允許飼養寵物。雖然最近有些地方政府開始提供可飼養受災寵物的住宅，但數量仍然較少。例如，在2018年熊本地震中受到重創的益城町，共有690戶災害公營住宅，其中大約30%允許飼養寵物，有的地區則是完全不允許。

首先要取得「災害損失證明」

「災害損失證明」是由各地機關調查災害後住房損害程度並查核過的文件。用於申請各種災害支援制度和補助、申請入住臨時住宅等。為了記錄損害程度，最好在整理現場之前拍攝照片。若在申請查核前進行修繕，應保存估價單和收據。

（※中文編注：表為日本之劃分標準。）

《認定劃分》

	全損	大規模半損	半損
損壞比例	70%以上	70～50%	50～20%
損害比例	50%以上	50～40%	40～20%

在臨時住宅中與貓咪一起生活

日本的臨時住宅有2種

	應急臨時住宅	認定臨時住宅
這是什麼？	在災區附近新建的住宅	租用民間出租的物件，提供給災民居住
租金	由各地方政府負擔（災民負擔水電等費用）	由各地方政府負擔。但僅限租金落在規定範圍內的物件（熊本地震中，熊本縣規定為不超過6萬日圓）
面積	每戶平均9坪（根據家庭結構有6坪、12坪三種類型）	在規定租金範圍內自由選擇
地點	靠近災區	通常離災區較遠
期限	原則上，建成後最長2年3個月	原則上最長2年
寵物同住	允許寵物的情況增加中，但目前還是很少	除非該物件原本就允許寵物，否則不可飼養寵物

當自家住宅受損且修復耗時，或需要一段時間才能遷入新住所時，可能會搬進臨時住宅。如上所述，臨時住宅有兩種類型，應急臨時住宅與寵物同住可能性較高，災後數月即可完工。然而，由於希望入住者眾多、房源有限，可能需透過抽籤獲得資格，未中籤者則無法入住，因此最好預先確保其他可暫住的地點。即使成功入住，因為是集合住宅，也須遵守完全室內飼養、加入飼主社群等規則。

POINT

能與貓咪一起生活的臨時住宅很少。最好是能暫住親戚家等地方。

妥善利用各種經濟支援制度

政府為受災民眾提供多種經濟支援制度，應妥善利用。首先，需先取得「災害損失證明」，好好研究後進行申請。如果有保地震險或天然災害險，也能獲得保險金或賠償。若在災後遺失存摺或提款卡，只要有駕照等身份證明文件，銀行仍可提供櫃檯服務。部分毀損的紙鈔，若符合一定條件，也可兌回半額至全額。

➡ P.99　如何取得「災害損失證明」

災害慰問金・災害障礙慰問金

若因天災死亡或失蹤，家屬可獲災害慰問金（若家中經濟支柱亡故，最多可獲得500萬日圓）。若因傷病導致重度障礙，則可獲災害障礙慰問金。

受災戶生活再建支援金

因災害導致住家全毀等，生活受到重大影響的家庭可獲最高300萬日圓的支援金。

災害援助基金・生活復興支援基金

戶長受傷或住宅全半毀等，可申請最高350萬日圓的紓困貸款。低收入家庭可申請一段時間的生活費或搬遷費等生活再建支援金的貸款。

災害復興住宅貸款・住宅貸款減免延續

可獲最長35年全期固定低利貸款，用於修繕、建設或購買住宅。若在住宅貸款減免適用期間遭遇災害失去注家，該減免可繼續適用。

天然災害中的債務整理

還款期間遭遇天災的相關措施，自2016年起實行。符合一定條件者可保留最多500萬日圓現金用於生活重建，以部分餘額還款，未能清償的部分則可減免。此制度不計入個人信用資訊，便於新借貸款重建生活，也可比申告破產保留更多現金在手邊。

＊日本截至2018年11月為止的資料。

（※中文編注：台灣由衛福部提供災害慰問金；各縣市政府提供災害救助金；賑災基金會提供重大天然災害賑助。住宅部分，由賑災基金會提供低收入受災戶住宅重建、重購補助；各縣市政府提供建築物弱層補強補助。另有就醫、就學、就業補助及其他稅捐減免等。）

災害壓力導致的寵物症狀

在災害期間，寵物可能出現以下症狀。

＊即使症狀符合，也可能是其他疾病，請務必讓獸醫進行診斷。

- ☐ 靜不下來
- ☐ 在和平常不一樣的地方大小便（在非廁所的地方大小便）
- ☐ 對微小聲響或聲音反應敏感（發抖、嗚叫）
- ☐ 持續失眠（難以入睡、易醒、即使很睏也無法熟睡）
- ☐ 食慾下降，完全不進食
- ☐ 嘔吐、腹瀉、便秘等消化系統不適
- ☐ 行為變得兇暴（因小事發怒、咬人）
- ☐ 無法離開飼主身邊
- ☐ 獨自待著時會發抖
- ☐ 因恐慌而大小便失禁
- ☐ 過度理毛導致禿毛、皮膚炎
- ☐ 張口呼吸、流口水

寵物如有以上情形，飼主應該如何應對呢？最重要的是，飼主自己要保持冷靜。飼主的不安和動搖會直接影響到寵物。雖然在災害發生後飼主可能也會感到恐慌，但要記得：守護貓咪的責任在於自己。可以反覆用溫柔的言語安撫，或是進行撫摸等身體接觸，這些都有助於穩定寵物的情緒。如果家中有其他心理狀態穩定的貓咪，也可以讓牠們一起生活，互相照顧。

此外，無論出現何種症狀，都應該讓獸醫進行檢查。可能是由內科疾病引起，也可能是精神因素導致，但都能透過藥物或補給品來幫助寵物穩定情緒。

也有曾經歷災害者分享：正因為有需要保護的寵物，才能在困境中堅持下去。如果人寵能成為彼此慰藉的存在，就能成為度過困難時刻的力量。

column

人與貓的創傷後壓力症候群

PTSD，即創傷後壓力症候群。這是指經歷重大心理衝擊或精神壓力後，即使經過一段時間，仍對那些經歷感到強烈恐懼的狀態。每個人在經歷痛苦後都可能會失眠或食慾不振，但若這些狀態持續數月，則可能被診斷為PTSD。災害發生時，除了可能失去家園或親人的直接衝擊外，生活的改變及對未來的不安也會帶來巨大壓力。因此，不少人會出現失眠、憂鬱、食慾不振等症狀。有些人可能會經歷創傷重現（Flashback，即突然清晰地重新體驗過去的創傷事件）或發生過度換氣等情形。這些反應任何人都有可能發生。在困難時刻不要獨自承受，應尋求專業人士的協助。災害時的救助團體中可能會有諮詢心理師，也可以向身心科或當地心理衛生中心尋求協助。有時也會設立心理諮商專線提供服務。

與人類相同，貓咪也可能出現類似PTSD的症狀，但尚不確定這是由心理創傷引起，還由災後生活變化所致。無論如何，已知災害引起的壓力可以導致各種健康問題。特別是食慾不振、腹瀉、嘔吐和脫水等內科症狀較為常見，在1995年的阪神・淡路大地震後約10天內，寵物的內科治療次數是外科的七倍。原本溫馴的狗兒可能因精神壓力而變得神經質，對微小聲響反應過度。在2011年的東日本大地震中，許多寵物因地震後餘震和緊急地震速報的警報聲而驚慌失措。

Point

- 有精神上困擾的時候
  應尋求專業協助
- 飼主的不安
  可能會影響到寵物
- 寵物的症狀
  必須由獸醫來診斷

Goods

為貓咪做好準備的 緊急用品清單

要帶的東西雖多，但也不可能一次帶走所有物品。請進行取捨選擇，準備好緊急攜帶物品。

優先順序 1

最優先攜帶的物品

- □ 外出籠
- □ 貓食
- □ 慢性病用藥、處方食品
- □ 針筒、滴管

把貓咪裝進外出籠，
一起避難！
一併帶著牽繩、 胸背帶
和洗衣袋更佳

優先順序 2

儘可能攜帶的物品

- □ 貓咪的照片
- □ 貓咪和飼主的合照
- □ 貓咪的健康手冊

（參照P.108。有接種證明、各種檢查表等更佳）

- □ 貓咪協尋傳單

優先順序 3

有的話更方便．可稍後攜帶的物品

- □ 籠子
- □ 貓砂盆、 貓砂、寵物尿布墊
- □ 貓床
- □ 飲食器具、水碗
- □ 伊麗莎白項圈
- □ 貓毛梳
- □ 玩具
- □ 木天蓼
- □ 寵物用除臭劑
- □ 寵物乾洗劑
- □ 涼感墊（夏天用）

人貓共用的物品

可供人貓共同使用的物品，事先備妥將會非常方便。

□ 飲用水（軟水）

SPORTS
DRINK

□ 運動飲料
（粉末型較不佔空間）

□ 急救包
（最好有繃帶、紗布、透氣膠帶、棉花棒、剪刀、鑷子、生理食鹽水、消毒用酒精、凡士林等）

□ 毛巾、毯子

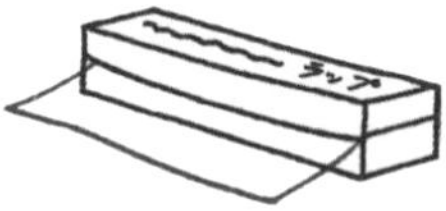

□ 保鮮膜

□ 布膠帶、膠帶

□ 美工刀

□ 油性筆

□ 報紙

□ 塑膠袋（大・小）

□ 濕紙巾
（無酒精類型）

□ 清潔用具

□ 熱水袋、暖暖包（冬天用）

□ 急速冷卻包（夏天用）

考慮到 1 個成人的攜帶能力，
含貓在內的重量上限
為 10 ~ 15kg。
請根據實際情況調整數量和重量

Goods

為自己做好準備的緊急用品清單

如果無法先保障自己能夠生存，就更別說守護貓咪了。讓我們再次檢視並整理緊急逃生用品吧。如同為貓咪準備的物品，應事先分類為優先攜帶的物品，以及需要事先儲備、可以稍後再攜帶的物品。

緊急攜帶物品

- ☐ 慢性病用藥、常備藥
- ☐ 頭燈、手電筒
- ☐ 攜帶型收音機
- ☐ 手機充電器（電池式為佳）
- ☐ 防護安全帽、防災頭套
- ☐ 工作手套、口罩
- ☐ 電池
- ☐ 打火機
- ☐ 蠟燭
- ☐ 瑞士刀
- ☐ 現金、硬幣
- ☐ 防災地圖
- ☐ 緊急求生毯

糧食

- ☐ 飲用水
- ☐ 主食（即食米飯、麵類等）
- ☐ 主菜（調理包、冷凍食品等）
- ☐ 罐頭（肉類或魚類熟食、水果、豆類等）
  *選擇不用開罐器的易開罐。
- ☐ 果菜汁、蔬菜湯
- ☐ 不需加熱即可食用的食品（魚板、起司等）
- ☐ 點心（巧克力、糖果等）
- ☐ 營養補充食品
- ☐ 調味料（醬油、鹽等）

災害時期更應攝取有營養且美味的食物！除了準備市售的防災食品外，也可以尋找美味的即食食品， 進行各種嘗試

每位成人每天需要 2～3 公升飲用水。 不只是水， 茶或果汁也可以算在內

生活用品

- ☐ 面紙
- ☐ 衛生紙
- ☐ 卡式爐・瓦斯罐
- ☐ 緊急用簡易廁所
- ☐ 乳膠手套（一次性）
- ☐ 洗漱用品、牙刷、漱口水
- ☐ 乾洗髮
- ☐ 消毒用酒精
- ☐ 衣服、內衣

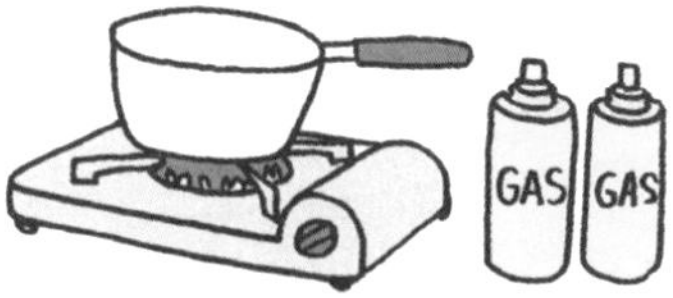
GAS
GAS

女性用品

- ☐ 生理用品
- ☐ 衛生護墊
- ☐ 便攜式沖洗器
- ☐ 髮圈
- ☐ 化妝水等基礎保養品
- ☐ 防犯警報器・哨子
- ☐ 附罩杯上衣

需事先整理的貴重物品

- ☐ 存摺
- ☐ 股票證明
- ☐ 駕照
- ☐ 健保卡
- ☐ 用藥手冊
- ☐ 年金手冊
- ☐ 印章
- ☐ 家庭照片

建議將紙製品
放入拉鍊袋中保存

note

填空式　愛貓健康資料卡

在避難生活中，如果你預計將貓咪寄養他處照顧，請在此填入你想傳達給照顧者的資訊。

*如果有多隻貓咪，可影印後使用。

貓咪名字		♂　♀
品種	生日 年　月　日	
花色	尾巴	
身份標識	項圈　有／無（特徵　）	
	防走失名牌　有／無（特徵　）	
	晶片　有／無（編號　）	
健康管理	結紮・絕育 是／否	手術日 年　月　日
	疫苗接種 有／無	最近一次接種日 年　月　日 疫苗種類（　）

飲食	平常的食物	
	進食次數	份量
慢性病	貓愛滋病 陰性 ／ 陽性	貓白血病 陰性 ／ 陽性
	其他慢性病 從何時開始（	
	慢性病藥物（藥物名稱、給藥量・次數等）	
飼主	姓名	
	地址	
	電話	Mail
固定前往動物醫院	醫院名稱	
	電話	
	地址	
	看診時間	休診日

Facebook

遭遇災害，電話或電子郵件無法使用時，Facebook（臉書）是派得上用場的工具之一。因為可能會有不實資訊流傳，應確保資訊來源的可信度。對於未經證實的資訊，請勿任意轉發。

應追蹤的有用臉書專頁

內政部……www.facebook.com/moi.gov.tw
交通部……www.facebook.com/motc.gov.tw
消防署……www.facebook.com/NFA999
報天氣 – 中央氣象署……www.facebook.com/cwa.weather
公視新聞網……www.facebook.com/pnnpts
等

關注自己所在地的資訊

Humans of Taipei 我是台北人（台北市政府官方臉書）……www.facebook.com/humansoftaipei
我的新北市（新北市政府官方臉書）……www.facebook.com/myntpc
漾台中（台中市政府官方臉書）……www.facebook.com/GLAT.Taichung
花蓮縣政府……www.facebook.com/hlgov
等

也可以這樣用

在災害時，由於電話線路可能壅塞，無法撥通110或119。在這種情況下，如果需要求救，可以利用臉書貼文。發送救援請求時，應附上「#求救」標籤和具體且正確的請求內容、照片、地址或位置資訊。一旦獲得救援，應更新貼文或刪除原貼文。

LINE

在災害時，即使電話和電子郵件無法使用，依然有其他工具可用。這些工具可以用來確認家人朋友的安危。此外，即使一般電話打不通，只要網路還連得上，就能使用LINE的聊天、動態消息和免費通話功能。

確認家人和朋友的安危

如果事先建立好群組，就更易於確認安危和交流。如果對方一直沒有已讀，則可能處於迫切的狀態。

傳達自己的位置

須長途步行返家的情況下，有可能不清楚自己的所在位置，或明明身處相同避難地點，卻因為位置不同而無法與家人碰頭。這時LINE的位置資訊分享功能就非常有用。

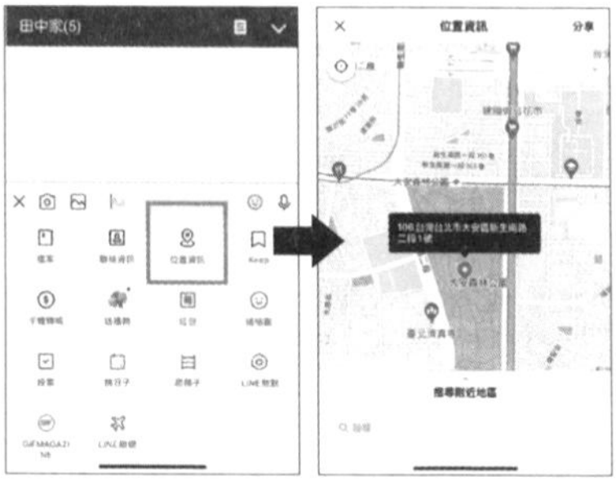

傳達自己的情況

透過更改顯示於姓名旁的「狀態消息」，可以讓所有透過LINE與你聯繫的人得知你的位置和狀況。

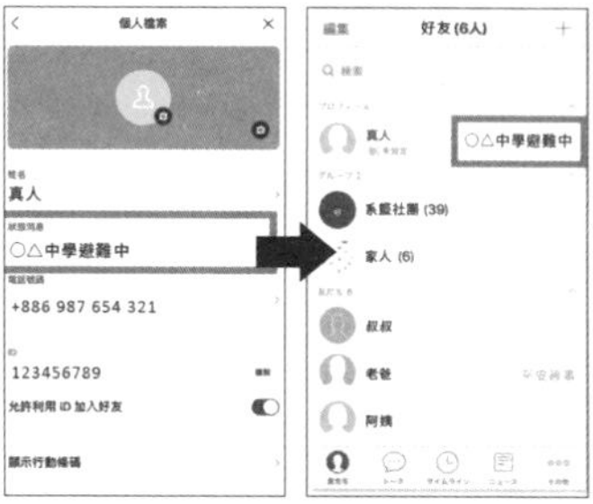

其他有用的網站

行政院人事行政總處（公布停班停課資訊）……www.dgpa.gov.tw
內政部消防署「全民防災e點通」……bear.emic.gov.tw
交通部公路局公路防救災資訊系統……bobe168.tw
農業部農村發展及水土保持署-土石流及大規模崩塌防災資訊網……246.ardswc.gov.tw

貓奴完全防災避難手冊

地震、颱風、洪水來襲時，跟你的貓咪一起活下去！

決定版 猫と一緒に生き残る 防災 BOOK

編著　貓日和編輯部
編輯・執筆　富田園子
監修　ANICE 平井潤子、村中志朗
譯者　汫玲
執行編輯　顏妤安
行銷企劃　陳羽杉
封面設計　賴姵伶
版面構成　賴姵伶
發行人　王榮文
出版發行　遠流出版事業股份有限公司
地址　臺北市中山北路一段11號13樓
客服電話　02-2571-0297
傳真　02-2571-0197
郵撥　0189456-1
著作權顧問　蕭雄淋律師
2024年6月30日　初版一刷
定價新台幣320元

ISBN　978-626-361-735-3
遠流博識網　http://www.ylib.com
E-mail: ylib@ylib.com
（如有缺頁或破損，請寄回更換）

國家圖書館出版品預行編目(CIP)資料
貓奴完全防災避難手冊/貓日和編輯部編著；汫玲譯. -- 初版. -- 臺北市：遠流出版事業股份有限公司, 2024.06
面；　公分
譯自：決定版猫と一緒に生き残る防災BOOK
ISBN 978-626-361-735-3(平裝)
1.CST: 貓 2.CST: 寵物飼養 3.CST: 防災教育
437.364
113007485